高职高专计算机任务驱动模式教材

信息技术实训教程

（微课版+电子活页）

主编／郭纪良　吕　佳　邢　茹　顾海燕

清华大学出版社
北京

内容简介

本书根据《高等职业教育专科信息技术课程标准(2021年版)》校企合作编写,对标准中涉及的知识点进行归纳解释,便于学生学习和掌握理论基础。本书根据信息技术课程的知识点要求选取部分专升本、全国计算机等级考试真题作为典型案例进行讲解,二维码包括视频讲解链接、电子习题库和实训练习题,方便使用者查看。

本书主要内容包括计算机基础知识、网络基础、程序设计基础、数据处理基础、字处理、电子表格处理、演示文稿制作、短视频与融媒体、信息检索与搜索引擎、虚拟现实技术与应用、物联网技术与应用、现代通信技术、流程自动化、项目管理、云计算技术、大数据技术、人工智能技术、区块链、信息素养与创新创业。

本书既可作为职业本科和高职高专信息技术基础、计算机文化基础课程的配套教材,也可作为专升本、全国计算机等级考试(二级)的培训辅导教材。

图书在版编目(CIP)数据

信息技术实训教程:微课版+电子活页/郭纪良等主编. —北京:清华大学出版社,2024.1
高职高专计算机任务驱动模式教材
ISBN 978-7-302-65047-8

Ⅰ.①信… Ⅱ.①郭… Ⅲ.①电子计算机—高等职业教育—教材 Ⅳ.①TP3

中国国家版本馆CIP数据核字(2023)第242748号

责任编辑: 张龙卿 李慧恬
封面设计: 曾雅菲 徐巧英
责任校对: 刘 静
责任印制: 曹婉颖

出版发行: 清华大学出版社
网 址: https://www.tup.com.cn,https://www.wqxuetang.com
地 址: 北京清华大学学研大厦A座 **邮 编:** 100084
社 总 机: 010-83470000 **邮 购:** 010-62786544
投稿与读者服务: 010-62776969,c-service@tup.tsinghua.edu.cn
质量反馈: 010-62772015,zhiliang@tup.tsinghua.edu.cn
课件下载: https://www.tup.com.cn,010-83470410
印 装 者: 三河市龙大印装有限公司
经 销: 全国新华书店
开 本: 185mm×260mm **印 张:** 13.5 **字 数:** 320千字
版 次: 2024年1月第1版 **印 次:** 2024年1月第1次印刷
定 价: 49.00元

产品编号:095879-01

前　言

本书根据教育部发布的《高等职业教育专科信息技术课程标准(2021年版)》编写。本书围绕高等职业教育专科各专业对信息技术学科核心素养的培养需求,吸纳信息技术领域的前沿技术,采用科学编排方式,以任务驱动的模式对内容进行深入浅出的讲解,辅以典型题目分析和实训任务,加深学生对所学知识点的理解,旨在提升学生信息意识与计算思维,增强数字化创新与发展能力,以及应用信息技术解决问题的综合能力,为其职业发展、终身学习和服务社会奠定基础。

本书依据"任务驱动、学做一体"的编写思路,以理解和巩固所学知识点以及知识点的实践应用为编写主线,每章包括知识点分析、典型题目分析和实训任务三部分,把知识和技能的学习融入题目分析和实训任务完成过程中。

本书为融媒体、立体化、校企合作教材,配套丰富的信息化教学资源、线上题库以及数字化平台。本书配套题库采用线上方式提供,并根据技术变化、知识点变革和考试形式变化不断升级变化,题库全面覆盖专升本、计算机二级等级考试知识点,通过二维码链接可以查看知识点详细讲解视频,也可以查看更多的习题。同时本书还提供大量的实训操作题目,并提供在线技术指导,方便广大师生使用。

本书编者团队既有学校的骨干教师,又有来自行业及企业一线的专家与工程师,充分吸收行业及企业的信息技术典型案例,将新技术、新工艺、新理念纳入教材。山东商务职业学院郭纪良、吕佳、邢茹和顾海燕担任本书的主编,并负责本书的编写思路、大纲的总体规划及各章节的统稿工作。腾讯烟台新工科研究院提供本书部分项目化实训任务和课程资源。邢茹编写第1～7章,吕佳编写第8～13章,郭纪良编写第14～18章,顾海燕编写第19章,全书由陈守森主审。参加本书素材收集、校对工作的老师还有姜泉竹、曾庆尚、李素素等,在此一并对他们表示衷心的感谢。

由于编者水平有限,书中难免有不足之处,敬请广大读者和专家批评、指正。

编　者

2023年8月

目　录

第 1 章　计算机基础知识

1.1　知识点分析

当今社会是一个信息化社会，以计算机为代表的电子信息设备是处理信息的主要工具，逐渐成为日常生活中不可或缺的一部分，熟悉计算机基础知识对日常生活、工作和社会活动都有很大帮助。本章知识点主要包括信息与数据、计算机基本结构、数据表示与处理、操作系统、信息安全等内容。

1.1.1　信息技术基础知识

计算机基础知识 1

计算机基础知识 2

1. 信息与数据

信息无处不在、无时不有，如交通信息、天气信息、考试信息和上课信息等。

(1) 信息：在自然界、人类社会和人类思维活动中普遍存在的一切物质和事物属性。信息的功能是消除事物不确定性，把不确定性变成确定性。

计算机是一种基于二进制运算的信息处理机器，任何需要由计算机进行处理的信息，都必须进行一定程度的符号化，并表示成二进制编码形式，这就需要引入数据。

(2) 数据：存储在某种媒体上可以加以鉴别的符号资料。这里所说的符号，不仅指文字、字母、数字，还包括图形、图像、音频与视频等多媒体数据。

使用计算机处理信息时，必须将要处理的有关信息转换成计算机能识别的符号。信息符号化就是数据。

数据是信息表现形式，是信息的载体；信息是对数据进行加工，是抽象出来具有逻辑意义的数据。

2. 信息技术

信息技术(information technology，IT)主要是指人们获取、存储、传递、处理、开发和利用信息资源的各种技术。

现代信息处理技术由传感技术、计算机技术、通信技术和网络技术等多种不同技术构成，其中计算机技术在其中起了关键作用。

信息高速公路是国家信息基础设施(national information infrastructure，NII)的通俗说法。所谓信息高速公路，就是一个高速度、大容量、多媒体的信息传输网络。构成信息高速公路的核心是以光缆作为信息传输主干线，采用支线光纤和多媒体终端，用交互方式传输数据、电视、语音和图像等多种形式的信息高速数据网。

3. 计算机文化

文化的基本属性是指广泛性、传递性、教育性和深刻性。

计算机文化最早出现在20世纪80年代初在瑞士洛桑召开的第三届世界计算机教育大会上。

计算机文化是以计算机为核心,集网络文化、信息文化、多媒体文化于一体,并对社会生活和人类行为产生深远影响的新型文化。

1.1.2 数据的表示、存储与处理

1. 数制及转换

计算机只能接收和处理二进制信息,原因在于二进制数采用两个数字符号来表示,即0和1,易于物理实现。除此之外,二进制还具有可靠性高、运算规则简单和通用性强等特点。

除了人们习惯使用的十进制计数外,还有十二进制(12瓶酒为一打)、二十四进制(一天有24小时)和六十进制(60秒为1分,60分为1小时)等。

1)数制基本概念

数码:一组用来表示某种数制的符号。例如,十进制数码为0、1、2、3、4、5、6、7、8和9。

基数:数制所使用数码个数称为"基数"或"基"。例如,十进制基数为10。

位权:数码在不同位置上的权值。

2)数制转换

二进制、八进制、十六进制数转换为十进制数:按权展开求和即可。

十进制数据转换为二进制、八进制和十六进制数:整数部分采用除基取余法,逆取余数(由下向上取);小数部分采用乘基取整法,正取整数(由上向下取)。

二进制数与八进制数相互转换:将二进制数以小数点为中心,分别向左(向右)将每3位二进制数分成一组,不足3位则整数部分左侧补0,小数部分右侧补0,凑成3位转换即可,写成对应八进制数;反过来将八进制数转换成二进制数,只要将每一位八进制数转换成相应的3位二进制数,依次连起来即可。

二进制数与十六进制数转换:方法同二进制转八进制,但需要把每4位分成一组,再分别转换成十六进制数码中的一个数字;反之,十六进制数转换成二进制数,只要将每一位十六进制转换成相应4位二进制数,依次连起来即可。

3)二进制的运算规则

(1)算术运算规则。

加法运算规则:0+0=0,0+1=1,1+0=1,1+1=10(产生进位)。

减法运算规则:0−0=0,10−1=1(产生借位),1−0=1,1−1=0。

乘法运算规则:0×0=0,0×1=0,1×0=0,1×1=1。

除法运算规则:0/1=0,1/1=1。

(2)逻辑运算规则。

逻辑与运算(AND):0∧0=0,0∧1=0,1∧0=0,1∧1=1。∧符号向下开口,遇0则为0,全1为1。

逻辑或运算(OR):0∨0=0,0∨1=1,1∨0=1,1∨1=1。∨符号向上开口,遇1则为1,全0为0。

逻辑非运算(NOT):即0变1,1变0。

逻辑异或运算(XOR):0⊕0=0,0⊕1=1,1⊕0=1,1⊕1=0。相同为0,不同为1。

2. 信息编码

1）计算机中衡量数据多少的单位

（1）位(bit)。位简记为b,也称为比特,是数据存储的最小单位。一个二进制位只能表示0或1。

（2）字节(byte)。字节简记为B,是计算机存储容量基本单位。一个字节由8位二进制数组成,即1B＝8bit。计算机存储器是由一个个存储单元构成的,每个存储单元就是1字节。

表示计算机中存储容量的单位还有：

① K(千)字节：1KB＝1024B＝2^{10}B；

② M(兆)字节：1MB＝1024KB＝2^{20}B；

③ G(吉)字节：1GB＝1024MB＝2^{30}B；

④ T(太)字节：1TB＝1024GB＝2^{40}B。

（3）字(word)。计算机处理数据时,CPU通过数据总线一次存取、加工和传达的数据称为字。一个字通常由一个字节或若干个字节组成。字长是计算机运算部件一次所能处理的实际位数长度,是衡量计算机性能的重要指标。通常情况下,计算机字长越长,其精度就越高,速度也越快。字长是字节的整数倍,常见计算机字长有32位和64位。

2）数值表示

在计算机中,数值型数据分为无符号数和带符号数。所谓无符号数,是指所有的二进制数全部作为数值位处理,而带符号数是指表示数值信息的二进制位数中,将其最左侧一个二进制位作为符号位(往往用0表示正数,用1表示负数),其余各位作为数值位。

利用"0正1负"原则将符号"二进制化"后得到的数称为机器数。

带有正负号的数,如＋5、－1010B等称为真值。

我们可以这样理解,所谓"机器数",是指数值信息在"机器内部"的表现形式。

按照符号数在计算机中表现形式不同,机器数又分为原码、反码与补码等,并有以下规律：正数的原码、反码与补码相同。

对负数来说,反码是把原码除了符号位以外的其他各位取反得到的,补码是在反码基础上加1得到的。

3）文字信息

计算机中处理的对象必须是二进制数据,数值数据和非数值数据在计算机内部都是以二进制形式表示和存储的。

（1）字符编码。ASCII码是一种人为规定的信息交换标准码,可用于表示西文字符、阿拉伯数字、标点符号以及一些控制命令符号。7位标准ASCII码表示128个字符,小写字母ASCII码值比同一个字母的大写字母大32。

（2）汉字编码。

汉字交换码：1980年我国颁布的第一个汉字编码字符集标准,即GB/T 2312—1980,简称为国标码,它采取了与标准ASCII码相同的规则,一个汉字占用2字节。GB/T 2312—1980共收录了6763个汉字和682个符号,共7445个,后来我国又颁布了GB 18030,它基于GB/T 2312—1980扩展收录了27484个汉字。

汉字机内码：GB/T 2312—1980(国标码)不能直接在计算机中使用,为了区分汉字与

ASCII码，把汉字交换码(国标码)两个字节最高位改为1，称为机内码。机内码是计算机内处理汉字信息时所用的汉字代码，机内码是计算机内部存储和处理汉字信息的代码。

汉字字形码(属于输出码)：用来将汉字显示到屏幕上或打印到纸上。汉字字形有点阵码和矢量码两种。矢量码占用空间较小，且放大后基本不会失真，而点阵码是用点阵来表示汉字的字形，一般占用空间较大，且放大后易变形。一个32×32点阵的汉字占用128字节，即32×32÷8=128(字节)。

汉字输入码(外码)：将汉字通过键盘输入计算机中所采用的编码，分为流水码、音码，形码和音形结合码四种，如区位码、全拼码、五笔字型码和自然码等。

3. 计算机工作原理

1) 计算机指令和指令系统

指令是指示计算机执行某种操作的命令，它由一串二进制数码组成，这串二进制数码包括操作码和地址码两部分。操作码规定了操作类型，即进行什么样的操作，如取数、做加法或输出数据等；地址码规定了要操作的数据(操作对象)存放在什么地址中，以及操作结果存放到哪个地址中。

一台计算机有许多条指令，作用也各不相同。所有指令的集合称为计算机指令系统。

2) "存储程序"工作原理

计算机能够自动完成运算或处理过程的基础是"存储程序"工作原理。"存储程序"工作原理是1946年由美籍匈牙利数学家冯·诺依曼提出的，又称为"冯·诺依曼原理"，其基本思想是存储程序与程序控制。该原理确立了现代计算机基本组成和工作方式，现在计算机设计与制造依然沿用着"冯·诺依曼"体系结构。

"存储程序"工作原理的基本内容有：①将程序(指令序列)预先存放在主存储器中，即程序存储。当计算机在工作时能够自动高速地从主存储器中取出指令并加以执行，即程序控制。②由运算器、控制器、存储器、输入设备和输出设备五大基本部件组成计算机硬件体系结构。

3) 计算机工作过程

计算机每一条指令都可分为三个阶段执行，即取指令→分析指令→执行指令。

取指令和分析指令的任务是按照程序规定次序，从内存储器取出当前执行指令，并送到控制器指令寄存器中，对所取指令进行分析，即根据指令中操作码确定计算机应进行什么操作。

执行指令的任务是根据指令分析结果，由控制器发出完成操作所需的一系列控制电位，以便指挥计算机有关部件完成这一操作，同时为取下一条指令做好准备。

1.1.3 计算机系统

1. 计算机硬件系统

计算机系统由计算机硬件系统及软件系统两大部分构成。没有安装任何软件的计算机通常称为"裸机"，裸机无法工作。如果计算机硬件脱离了计算机软件，那么它就成了一台无用的机器；如果计算机软件脱离了计算机硬件，就失去了它运行的物质基础，所以说二者相互依存，缺一不可，共同构成一个完整的计算机系统。

1) 输入设备

输入设备是从计算机外部向计算机内部传送信息的装置。其功能是将数据、程序及其他信息,从人们熟悉的形式,转换为计算机能够识别和处理的形式并输入计算机内部。

常用输入设备有键盘、鼠标、扫描仪、数字化仪和条形码阅读器等。

2) 运算器

运算器由算术逻辑单元(arithmetic logic unit,ALU)和寄存器等组成。运算器功能是完成算术运算和逻辑运算。在计算机中,任何复杂运算都转换为基本的算术与逻辑运算,然后在运算器中完成。

3) 控制器

控制器是计算机的指挥系统,它的基本功能是从内存取指令和执行指令。控制器通过地址访问存储器、逐条取出选中单元的指令,分析指令,并根据指令产生控制信号并作用于其他各部件,以此来完成指令要求的工作。上述工作周而复始,保证了计算机能自动连续地工作。

通常将运算器和控制器统称为中央处理器,即 CPU(central processing unit),它是整个计算机的核心部件,是计算机的"大脑"。它控制了计算机运算、处理、输入和输出等工作。

4) 存储器

存储器是计算机的记忆装置,主要功能是存放程序和数据。其中程序是计算机操作的依据,数据是计算机操作的对象。

根据存储器与 CPU 联系密切程度,可分为内存储器(主存储器,简称内存)和外存储器(辅助存储器,简称外存)两大类。内存一般位于计算机主机内,直接与 CPU 交换信息,具有容量小、存取速度快等特点,只存放那些正在运行的程序和待处理的数据。

为了扩大内存储器的容量,引入了外存储器,外存作为内存储器的延伸和后援,间接和 CPU 联系,用来存放一些系统必须使用,但又不急于使用的程序和数据。

程序必须调入内存方可执行。

外存存取速度慢,但存储容量大,可以长时间地保存大量信息,可靠性较高,价格相对较低。

存储器通常被分为许多等长的存储单元,每个单元可以存放一个适当单位的信息。全部存储单元按一定顺序编号,这个编号被称为存储单元的地址,简称地址。存储单元与地址一一对应。注意存储单元地址和它里面存放的内容完全是两回事。

对存储器的操作称为访问存储器,访问存储器的方法有两种,一种是选定地址后向存储单元存入数据,被称为"写";另一种是从选定存储单元中取出数据,被称为"读"。可见,无论是读还是写,都必须先给出存储单元的地址。

存取速度是指向存储器储存数据和从存储器上得到数据的快慢,这个速度越快,我们等待时间就越少。存取速度由快到慢:CPU→Cache→RAM→ROM→硬盘→光盘→软盘。

5) 输出设备

输出设备的主要作用是把运算结果或工作过程以人们要求的直观形式表现出来。常用输出设备有显示器、打印机、绘图仪和音箱等。

通常我们把输入设备和输出设备合称输入/输出(I/O)设备,它是计算机系统与外界进行信息交流的工具。有一些设备既具有输入功能又具有输出功能,如磁盘驱动器和磁带机。

2. 计算机软件系统

1）程序和软件

计算机软件是指示计算机完成任务的程序和相关数据，以及开发、使用和维护程序所需要的相关文档的集合。解决某一种具体问题的指令序列称为程序，数据是程序处理对象，文档则是对程序进行解释和说明。

2）计算机软件系统

计算机软件系统是运行、管理和维护计算机的各种软件总称，它由系统软件和应用软件两个部分组成。系统软件一般由软件厂商提供，而应用软件是为解决某一问题而由用户或软件公司开发的。

系统软件是指那些服务于计算机本身的软件，它主要包括操作系统、语言处理程序、数据库管理系统和支撑服务软件等。

应用软件是为解决计算机各类应用问题而编写的软件，如公司管理系统、医院管理系统、财务管理软件、Microsoft Office、WPS 和 Adobe Photoshop 等。

3. 计算机的主要性能指标

1）主频

主频即时钟频率，是指计算机 CPU 在单位时间内发出的脉冲数，它在很大程度上决定了计算机的运算速度，主频基本单位是赫兹(Hz)，目前使用的主要单位是 GHz。

2）字长

字长是计算机运算部件能同时处理的二进制数据位数，与计算机功能和用途有关。字长越长，计算机运算速度越快，运算精度越高，功能越强。当前计算机字长大多是 32 位或 64 位，也有 128 位或更大字长。

3）内核数

CPU 内核数是指 CPU 内执行指令的运算器和控制器数量。所谓多核心处理器，就是在一块 CPU 基板上集成两个或两个以上处理器核心，并通过并行总线将各处理器核心连接起来。多核心处理技术提高了 CPU 多任务处理性能，已成为市场主流。

4）内存容量

内存容量是指内存储器中能存储信息的总字节数。一般来说，内存容量越大，计算机处理速度越快。随着更高性能操作系统的推出，计算机内存容量会继续增加。平常所说的内存容量是指 RAM 容量，而不包括 ROM 容量。

5）运算速度

运算速度是指单位时间内执行的计算机指令数。

运算速度的单位有 MIPS(million instructions per second，每秒 10^6 条指令)和 BIPS (billion instructions per second，每秒 10^9 条指令)。

6）存取周期(存储周期)

存储器进行一次"读"或"写"操作所需的时间，称为存储器访问时间(或读写时间)；而连续启动两次独立的"读"或"写"操作(如连续的两次"读"操作)所需的最短时间，称为存取周期(或存储周期)。

影响机器运算速度的因素很多，一般来说，主频越高，运算速度越快；字长越长，运算速度越快；内存容量越大，运算速度越快；存取周期越小，运算速度越快。

1.1.4　操作系统

1. 操作系统简介

操作系统是一组相互关联的系统软件程序，主管并控制计算机操作，运用和运行硬件、软件资源，提供公共服务。根据运行的环境，操作系统可以分为桌面操作系统、手机操作系统、服务器操作系统和嵌入式操作系统等。

当前大部分操作系统非常注重易用性和安全性，除了针对云服务、智能移动设备和自然人机交互等新技术进行融合外，还对固态硬盘、生物识别和高分辨率屏幕等硬件进行了优化完善与支持。

一些操作系统还根据用户性质不同，分为家庭版、专业版、企业版、教育版、专业工作站版和物联网核心版等不同版本。

大部分操作系统为视窗式，启动之后可以看到整个计算机桌面，如图 1-1 所示，某操作系统桌面由任务栏和桌面图标组成，任务栏位于屏幕的底部。一般情况下任务栏从左向右依次显示："开始"按钮、任务视图、快速启动栏、活动任务区、输入法图标、音量图标、时间以及其他一些托盘图标。桌面图标主要包括以下几个元素：用户文件、此电脑、网络、回收站、控制面板和各种应用程序快捷方式图标。

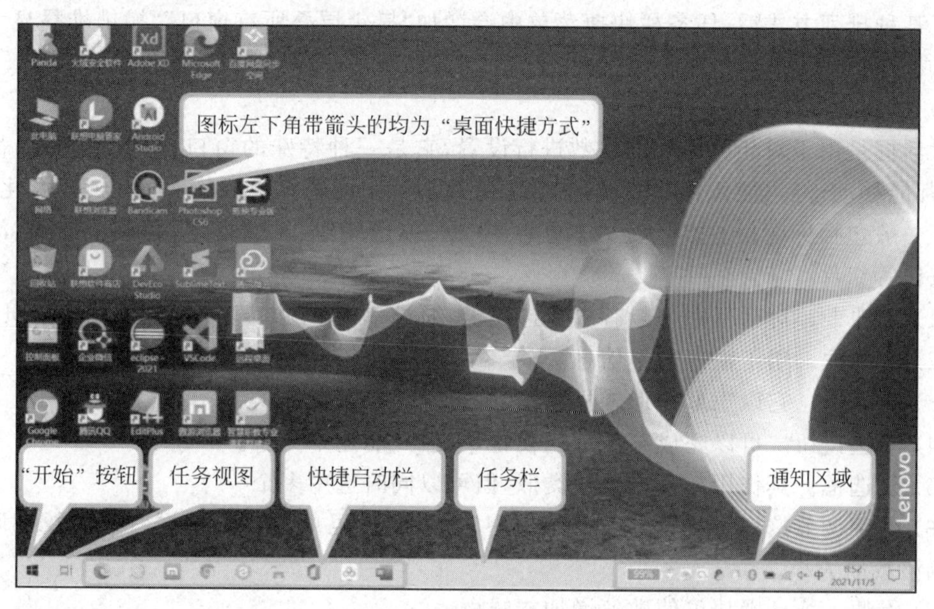

图 1-1　计算机桌面

2. 设置视窗式操作系统

视窗式操作系统的应用程序都在窗口下运行。用户大多数操作在各种窗口中完成，通过窗口可以观察应用程序运行情况，以及文件或文件夹中内容，便于对它们进行相应操作。

1）视窗式操作系统窗口组成

窗口主要包括标题栏、菜单工具栏、地址栏、搜索框、工作区、窗格等部分。

(1) 标题栏。标题栏位于窗口最上方，显示程序名称或当前选中文件所在的文件夹路径。单击右侧的 3 个窗口控制按钮 ，可将窗口"最小化""最大化/还原"或"关闭"。

(2) 菜单工具栏。菜单工具栏显示当前窗口常用的菜单和工具按钮,单击顶部文字可以切换菜单。将光标移至某个按钮上时,会自动显示该按钮的作用,单击这些按钮时可以快速执行一些常用操作。通过单击,选择执行对应操作;通过右击,可以将功能按钮添加到标题栏左侧的"快速访问工具栏"。

(3) 地址栏。显示当前打开文件夹的路径。每个路径都由不同的按钮连接而成,单击这些按钮,就可以在相应的文件夹之间进行切换。

(4) 搜索框。窗口中搜索框与"开始"菜单中搜索框作用相同,用于快速搜索计算机中程序和文件。

(5) 工作区。显示当前窗口内容或操作结果。

(6) 窗格。窗口中有多种窗格类型。单击导航窗格文件夹列表中文件夹,可快速打开相应文件夹或窗口;详细信息窗格用于显示计算机配置信息或当前窗口中所选对象信息。

2) 多窗口

(1) 多窗口切换。同时打开多个窗口,按 Alt+Tab 组合键,会弹出任务切换窗口,列出了当前正在运行的窗口。连续按 Tab 键,即可选择所要切换的窗口。

(2) 多窗口排列。排列窗口的方式主要有"层叠窗口""堆叠显示窗口""并排显示窗口"3 种。打开多个窗口,右击任务栏的空白处,从弹出的快捷菜单中选择窗口的排列方式。在选择了某种排列方式后,任务栏快捷菜单中会增加"撤销层叠所有窗口""撤销堆叠显示所有窗口"或"撤销并排显示所有窗口"命令,当执行此命令后,窗口排列将恢复原状。

3) 对话框

对话框是用于对相关操作的参数进行设置,它是一种特殊的窗口,与窗口相比,都有标题栏,都能移动,但不能像窗口那样任意改变大小。在标题栏上没有最小化、最大化按钮。对话框一般包括标题栏、选项卡、文本框、列表框、单选按钮、复选框、数字调节按钮、滑块和命令按钮等组件。

(1) 选项卡。对话框中一般有多个选项卡,通过单击选项卡可切换到不同设置页。

(2) 文本框。用于输入文本信息。

(3) 列表框。它以矩形的形式显示,其中可以列出多个选项。

(4) 单选按钮。可以完成某项功能设置,一组只能选中一个。

(5) 复选框。其作用与单选按钮类似,但可以同时选中多个。

(6) 数字调节按钮。可直接在文本框中输入数值,也可单击数值框右边的数字调节按钮来调整数值大小。

(7) 滑块。拖动滑块可使数值增加或减少。

(8) 命令按钮。单击"命令"按钮可执行对应的功能。例如,单击"确定"按钮,可完成相应设置并关闭对话框。

3. 系统实用工具

1) 附件工具

(1) 画图。"画图"是大部分操作系统自带的一个绘图和编辑工具。它能以 BMP、JPG、GIF、PNG 等格式保存文件。

(2) 步骤记录器。步骤记录器可以记录我们在计算机上的每一步操作,并自动配以截图和文字说明。用来分享操作步骤和教别人使用方法。

(3) 数学输入面板。数学输入面板是通过数学识别器来识别手写的数学表达式，然后可以将识别的数学表达式插入字处理程序或计算机程序中。

(4) 远程桌面连接。系统自带的远程桌面连接工具可以用来连接服务器远程桌面。对于在局域网内且和自己想要操作计算机身处两地的用户来说，设置远程桌面连接很有必要，这样即使不在计算机前，也能够对它进行操作。

(5) 快速助手。快速助手类似QQ的远程协助功能，可以让两名用户通过远程连接共享计算机，以便一名用户可以控制另一名用户的计算机，帮忙解决计算机上的问题。

(6) 截图工具。截图工具能够完成多种方式的屏幕截图，并能对截取的图片进行编辑。

2) 其他工具

(1) 计算器。“计算器”是常见的众多工具软件中的一个数学计算工具。它包括“标准”“科学”“绘图”“程序员”“日期计算”五种模式。标准型计算器和科学型计算器与我们日常生活中的小型计算器类似，可完成简单的算术运算和较为复杂的科学运算，如函数运算等。

(2) 录音机。录音机应用可用于录制讲课内容、对话以及其他声音。

(3) 磁盘清理。可扫描并清理系统和软件产生的临时文件、旧的更新包和缓存等，释放磁盘空间。

4. 文件和文件夹管理

1) 文件和文件夹概念

文件是计算机中数据存储形式，其中种类很多，可以是文字、图片、声音、视频以及应用程序等。

所有文件都是由文件图标和文件名称组成。

文件名称由文件名和扩展名组成，中间用“.”隔开。

同类型文件的扩展名和图标相同。

对文件命名，要做到“见名知义”。

文件夹可以用来保存和管理文件。文件夹既可以包含文件，也可以包含文件夹。

另外，对重要数据还应该做好备份，以防文件被误删除或被病毒破坏。

2) 文件资源管理器

操作系统中另外一个常用的工具是文件资源管理器，也就是之前的“此电脑”。

打开文件资源管理器时，默认是打开“快速访问”，我们可以依次选择“查看”→“选项”命令，单击选中“常规”选项卡，修改“打开文件资源管理器时打开”的选项。

在“常规”选项卡中，还可以选择“浏览文件夹”的形式、单击项目方式和“隐私”等各种选项。

在“查看”选项卡中，可以选择布局方式，以及是否查看“文件扩展名”和是否显示“隐藏的项目”。

在左侧的“快速访问”中可以删除或固定一个文件夹，这样可以很方便地打开我们常用的文件夹。

3) 文件和文件夹管理

文件管理是操作系统中一项重要功能，是操作系统中负责存取和管理文件信息的机构。从系统角度来讲，文件系统是对文件存储器的存储空间进行组织、分配和回收，负责文件的存储、检索和保护。

4）库

打开操作系统资源管理器，将看到与个人文件夹看上去类似的“库”文件夹，包含“视频”“图片”“文档”“学习资料”和“音乐”。如果没有显示“库”文件夹，可以依次选择“查看”→“选项”命令，单击“查看”选项卡，选中“导航窗格”中的“显示库”，或者依次选择“查看”→“导航窗格”命令，选中“显示库”。

5）回收站

回收站保存了删除的文件、文件夹、图片、快捷方式和Web页等。这些项目将一直保留在回收站中，直到清空回收站。许多误删除的文件就是从它里面找到的。灵活地利用各种技巧可以更高效地使用回收站，使其更好地为自己服务。

1.1.5 信息安全

1. 信息安全

国际标准化组织已明确将信息安全定义为“信息的完整性、可用性、保密性和可靠性”。完整性是指信息无失真地传达到目的地。可用性是指授权人使用时，不能出现系统拒绝服务的情况。保密性是指保证信息不泄露给未经授权的人。可靠性是指信息系统能够在规定条件与时间内完成规定功能。

信息安全包括四大要素：技术、制度、流程和人。

2. 信息安全面临的主要威胁

信息安全面临的主要威胁有黑客恶意攻击、网络自身和管理存在欠缺、软件设计的漏洞或“后门”产生的问题、用户网络内部工作人员不良行为引起安全问题。

3. 保障信息安全的措施

1）养成良好安全习惯

养成良好的密码设置习惯，尽量做到不同系统和资源使用不同的密码；保证密码长度和复杂度，定期修改密码。安全使用电子邮件，对于有疑问或者来历不明邮件，不要查看或者回复。

2）加强网络道德建设

计算机网络道德是用来约束网络从业人员的言行，指导思想的一整套道德规范。加强网络道德建设对维护网络信息安全有着积极的作用。

3）完善信息安全政策与法规

为了确保计算机信息系统安全地运行，制定和完善信息安全法律法规显得非常必要和重要。公安部于1987年10月推出了《电子计算机系统安全规范（试行草案）》，这是我国第一部有关计算机安全工作的法律规范。1994年2月颁布的《中华人民共和国计算机信息系统安全保护条例》是我国的第一个计算机安全法规，也是我国计算机安全工作的总纲。此外，还颁布了《计算机信息系统国际联网保密管理规定》《计算机病毒防治管理办法》等多部信息系统方面法律法规。

4）运用信息安全技术

目前信息安全技术主要有密码技术、防火墙技术、病毒与反病毒技术以及其他安全保密技术。

1.1.6　密码技术、防火墙技术和反病毒技术

1. 密码技术

数据加密的基本过程，是对原来明文文件或数据按某种算法进行处理，使其成为不可读的一段代码，通常称为“密文”传送，到达目的地后只能在输入相应密钥之后才能显示出本来内容，达到保护数据不被人非法窃取和修改的目的。其中发送方要发送的消息称为明文，明文被变换成看似无意义的随机消息，称为密文。这种由明文到密文的变换过程称为加密。其逆过程，即由合法接收者从密文恢复出明文的过程称为解密。非法接收者试图从密文分析出明文的过程称为破译。对明文进行加密时采用的一组规则称为加密算法。对密文解密时采用的一组规则称为解密算法。加密算法和解密算法是在一组仅有合法用户知道的、秘密信息的控制下进行的，该密码信息称为密钥，加密和解密过程中使用的密钥，分别称为加密密钥和解密密钥。

传统密码体制所用的加密密钥和解密密钥相同，或从一个可以推出另一个，则称为单钥或对称密码体制，它的最大优势是加/解密速度快，适合于对大数据量进行加密，但密钥管理困难。

若加密密钥和解密密钥不相同，或从一个难以推出另一个，则称为双钥或非对称密码体制，又称私钥密钥加密，它需要使用一对密钥来分别完成加密和解密操作，一个公开发布，即公开密钥，另一个由用户自己秘密保存，即私用密钥。信息发送者用公开密钥去加密，而信息接收者则用私用密钥去解密。私钥机制灵活，但加密和解密速度却比对称密钥慢得多。

2. 防火墙技术

1）概念

防火墙是用于在企业内网和因特网之间，实施安全策略的一个系统或一组系统。它决定网络内部服务中哪些可被外界访问，外界哪些人可以访问哪些内部服务，同时还决定内部人员可以访问哪些外部服务。

2）优点和缺点

防火墙的优点：防火墙能强化安全策略；防火墙能有效地记录 Internet 上的活动；防火墙限制暴露用户点；防火墙是一个安全策略检查站。

防火墙的缺点：不能防范恶意的知情者；不能防范不通过它的连接；不能防备全部威胁；不能防范病毒。

3）类型

按照防火墙保护网络使用方法的不同，可将其分为三种类型：网络层防火墙、应用层防火墙和链路层防火墙。

3. 计算机病毒

1）定义与特点

计算机病毒本质上是一组计算机指令或者程序代码，可以自我复制，影响计算机正常工作，甚至破坏计算机的数据以及硬件设备。

计算机病毒特点：可执行性、破坏性、传染性、潜伏性、针对性、衍生性和抗反病毒软件性。

2）传播途径

传播途径有网络传播、计算机硬件传播、移动存储设备传播和无线传播。

3）常见的病毒

常见的病毒有蠕虫病毒、木马病毒和黑客病毒、熊猫烧香病毒、脚本病毒、宏病毒、火焰病毒和震网病毒。

4）预防和清除

对病毒预防主要是管理上预防和技术上预防，对于已经沾染病毒的计算机系统，可以采用杀毒软件清除。

1.2 典型题目分析

一、单选题

1. 十六进制数3C7.D8转换为二进制数是(　　)。

A. 1111010111.11101　　B. 1111000111.11011

C. 111001111.11001　　D. 111100111.110101

正确答案：B

答案解析：每一位十六进制数对应四位二进制数。注意最后要将二进制整数部分高位的0和小数部分低位的0去掉。

2. 下列等式中，正确的是(　　)。

A. 1KB＝1024×1024B　　B. 1MB＝1024B

C. 1KB＝1024MB　　D. 1MB＝1024 ×1024B

正确答案：D

答案解析：1MB＝1024KB＝1024×1024B。

3. 将程序像数据一样存放在计算机中运行，是1946年由(　　)提出的。

A. 图灵　　B. 布尔　　C. 爱因斯坦　　D. 冯·诺依曼

正确答案：D

答案解析：计算机能够自动完成运算或处理过程的基础是"存储程序"工作原理。"存储程序"工作原理是1946年由美籍匈牙利数学家冯·诺依曼提出的，所以又称为"冯·诺依曼原理"，其基本思想是存储程序与程序控制。

4. 计算机中对数据进行加工与处理的部件，通常称为(　　)。

A. 运算器　　B. 控制器　　C. 显示器　　D. 存储器

正确答案：A

答案解析：运算器的功能是完成算术运算和逻辑运算，对数据进行加工和处理。

5. 计算机的主频是指(　　)。

A. 硬盘的读写速度　　B. 显示器的刷新速度

C. CPU的时钟频率　　D. 内存的读写速度

正确答案：C

答案解析：主频即时钟频率，是指计算机CPU在单位时间内发出的脉冲数。

二、多选题

1. 关于数据的描述中,正确的是(　　)。

A. 数据可以是数字、文字、声音或图像

B. 数据可以是数值型数据和非数值型数据

C. 数据是数值、概念或指令的一种表达形式

D. 数据就是指数值的大小

正确答案:ABC

答案解析:数据是对事实、概念或指令的一种表达形式。数据形式可以是数字、文字、图形或声音等。数据包括数值型数据和非数值型数据,其中,有符号数和无符号数属于数值型数据,非数值型数据包括文字、图像、声音和视频等。

2. 下面关于信息技术的叙述,错误的是(　　)。

A. 信息技术就是计算机技术

B. 信息技术就是通信技术

C. 信息技术就是传感技术

D. 信息技术是可以扩展人类信息功能的技术

正确答案:ABC

答案解析:现代信息处理技术由传感技术、计算机技术、通信技术和网络技术等多种不同技术构成,其中计算机技术在其中起了关键的作用。信息技术是可以扩展人类信息功能的技术,如利用传感技术可以有效地扩展人类感觉器官的感知域、灵敏度、分辨力和作用范围。

3. 下列属于输出设备的是(　　)。

A. 键盘　　B. 打印机　　C. 显示器　　D. 扫描仪

正确答案:BC

答案解析:输出设备是指把主机处理后信息向外输出的设备。微机常用的输出设备有显示器、打印机、绘图仪、音响等。

4. 下列属于系统软件的是(　　)。

A. 数据库管理系统　　B. 操作系统

C. 程序语言处理系统　　D. 电子表格处理软件

正确答案:ABC

答案解析:电子表格处理软件属于典型的应用软件。

5. 一般情况下,对话框不允许用户(　　)。

A. 最大化　　B. 最小化　　C. 移动　　D. 改变大小

正确答案:ABD

答案解析:对话框取消了最大化和最小化按钮,一般情况下不允许用户改变大小,只能进行移动操作。

三、填空题

1. 将十进制数 56 转换成二进制数是________。

正确答案:111000

答案解析:十进制数 56 只有整数部分,直接采用“除基取余”的方法,逆序排列即可。

2. 内存容量为8GB,其中B是指________。

正确答案：字节

答案解析：字节(byte)简记为B,是计算机存储容量的基本单位。一个字节由8位二进制数组成,即1B=8bit。

3. 按对应的ASCII码比较,“F”比“Q”________。

正确答案：小

答案解析：在ASCII码表中,字母的ASCII码值按字母顺序进行排列,相邻的字母差1。

4. 一个完整的计算机系统应当包括硬件系统和________系统。

正确答案：软件

答案解析：一个完整的计算机系统由计算机硬件系统及软件系统两大部分构成。

5. 按照防火墙保护网络使用方法的不同,可将其分为网络层防火墙、________防火墙和链路层防火墙。

正确答案：应用层

答案解析：按照防火墙保护网络使用方法的不同,可将其分为三种类型：网络层防火墙、应用层防火墙和链路层防火墙。

四、判断题

1. 所谓信息高速公路,是指利用高速铁路和公路传递电子邮件。 (　　)

A. 正确　　　　B. 错误

正确答案：B

答案解析：所谓“信息高速公路”,就是指一个高速度、大容量、多媒体的信息传输网络。

2. 一个字节(byte)占8个二进制位。 (　　)

A. 正确　　　　B. 错误

正确答案：A

答案解析：字节(byte)简记为B,是计算机存储容量的基本单位。一个字节由8位二进制数组成,即1B=8bit。

3. 从信息的输入/输出角度来说,磁盘驱动器和磁带机既可以看作输入设备,又可以看作输出设备。 (　　)

A. 正确　　　　B. 错误

正确答案：A

答案解析：以磁盘驱动器为例,磁盘驱动器既能将存储在磁盘上的信息读进内存中,又能将内存中的信息写到磁盘上,故认为它既是输入设备,又是输出设备。

4. 裸机是指刚装好了操作系统,其他软件都没有安装的计算机。 (　　)

A. 正确　　　　B. 错误

正确答案：B

答案解析：没有安装任何软件的计算机通常称为“裸机”。

5. 操作系统是用户与软件的接口。 (　　)

A. 正确　　　　B. 错误

正确答案：B

答案解析：操作系统是用户和计算机硬件系统之间的接口，同时也是计算机硬件和其他软件的接口，是必不可少的系统软件。

更多练习二维码

1.3 实训任务

1. 公司王经理找到小李，说他要买一台计算机，但是王经理又不熟悉计算机硬件知识，听说品牌机比较贵，他想买台组装机，或者买台笔记本电脑。由于王经理是小李刚入公司时的培训导师，给过他不少指点和帮忙，小李不敢怠慢，下班后就开始上网查资料帮王经理选择配件。请帮助王经理选购一台适合自己的计算机。

2. 假如有老师、学生和父母(已退休)分别要购买手机，你分别怎么推荐？

3. 小李给经理购买的计算机组装完毕，但是要充分使用，还需要安装操作系统和相应的软件，并对计算机进行优化。请给出你的建议。

第2章　网络基础

2.1　知识点分析

因特网改变了学习、工作、生活等方方面面，加速了全球信息化进程。人类已经全面进入信息时代，当前时代重要特征之一就是数字化、网络化和信息化。网络已经成为信息社会命脉和知识经济基础。本章知识点包括计算机网络发展历程、发展趋势、网络协议与体系结构、计算机网络组成、IP 地址、域名系统、网站与网页等内容。

2.1.1　计算机网络基础知识

1. 计算机网络的概念

计算机网络是将若干台独立计算机，通过通信、传输设备互联起来，在通信软件支持下，实现计算机间资源共享、信息交换或协同工作。

2. 计算机网络的发展历程

（1）以数据通信为主的第一代计算机网络。

（2）以资源共享为主的第二代计算机网络，ARPANET 的建成标志着计算机网络的发展进入第二代，ARPANET 是 Internet 的前身。

（3）体系标准化的第三代计算机网络。

（4）以 Internet 为核心的第四代计算机网络。

3. 计算机网络的发展趋势

（1）三网合一：目前广泛使用的通信网络、计算机网络和有线电视网络三类网络，正逐渐向单一的、统一 IP 网络发展。

（2）光通信技术：以光波为传输媒介的通信方式。

（3）IPv6 协议：IPv4 地址位数为 32 位，IPv6 作为下一代 IP 协议，采用 128 位地址长度。

（4）移动通信技术：沟通移动用户与固定用户或移动用户之间的通信方式。

4. 计算机网络的组成

从物理连接上看，计算机网络由计算机系统、通信链路和网络节点组成。

从逻辑功能上看，把计算机网络分成通信子网和资源子网。

通信子网提供计算机网络通信功能，由网络节点和通信链路组成；资源子网提供访问网络和处理数据的能力，由主机、终端控制器和终端组成。

5. 计算机网络的功能

计算机网络的主要功能是数据通信、资源共享、分布式处理、提高系统可靠性。

6. 计算机网络的分类

1）按网络覆盖范围划分

按网络覆盖范围划分为局域网（LAN）、城域网（MAN）、广域网（WAN）和因特网（Internet）。

2）按网络拓扑结构划分

按网络拓扑结构划分为总线型网络、星形网络、环形网络、树状网络和混合型网络。

3）按传输介质划分

按照传输介质不同可分为有线网和无线网。

有线网：双绞线、同轴电缆、光纤或电话线。

无线网：无线电波和红外线、卫星通信。

4）按网络使用性质划分

按网络使用性质划分为公用网和专用网。

7. 计算机网络新技术

（1）物联网。物联网（Internet of things）是指通过射频识别（RFID）技术、红外线感应器、全球定位系统、扫描等信息传感设备，按约定的协议，把任何物品与互联网连接起来，进行信息交换和通信，以实现智能化识别、定位、跟踪、监控和管理的一种网络。

（2）云计算。云计算（cloud computing）是一种基于互联网的超级计算模式，它是分布式处理、并行处理和网格计算等计算技术发展和商业化应用的产物。

（3）大数据。随着互联网应用爆炸式增长，各行各业产生了海量数据信息，大数据（big data）是指围绕这些数据进行数据挖掘和利用的种种技术和行为。

2.1.2　网络协议与网络体系结构

网络协议与网络体系结构是网络技术中两个最基本的概念。

1. 网络协议

网络数据传输交换过程中需要共同遵守的通信规程称为网络协议。

网络协议有三要素：语法、语义、时序。

2. 网络体系结构

计算机网络协议按照层次结构模型组织、网络层次结构模型与计算机网络各层协议的集合，称为网络体系结构或参考模型。

1983 年，国际标准化组织提出了开放系统互联参考模型（OSI）概念，1984 年 10 月，正式发布了整套 OSI 国际标准。

1）OSI 参考模型

OSI 参考模型采用分层描述，共划分为七层。由低到高分别为物理层、数据链路层、网络层、传输层、会话层、表示层、应用层。

2）Internet 参考模型

Internet 采用的 TCP/IP 协议，随着因特网的飞速发展已成为国际标准。

（1）应用层。定义了应用程序使用互联网规程，应用程序将通过这一层访问网络。应用层是所有用户面向应用程序的总称。TCP/IP 协议簇在这一层面有很多协议来支持不同应用，许多大家熟悉的基于 Internet 的应用实现都离不开这些协议。常用应用层协议有：

超文本传输协议 HTTP,用于传递制作网页文件;文件传输协议 FTP,用于实现互联网中交互式文件传输功能;电子邮件协议 SMTP,用于实现互联网中电子邮件传送功能;网络终端协议 TELNET,用于实现互联网中远程登录功能;域名服务 DNS,用于实现网络设备名字到 IP 地址映射服务。

(2) 传输层。为两个用户进程(程序)之间建立、管理和拆除可靠而又有效的端到端连接的协议,即负责端到端的对等实体间进行通信。

TCP 即传输控制协议,位于传输层。TCP 协议向应用层提供面向连接服务,确保网上所发送数据包可以完整地接收,TCP 能实现错误重发,以确保发送端到接收端可靠传输。

(3) 网络层。本层定义了互联网中传输的"信息包"格式,以及从一个用户通过一个或多个路由器到最终目标的"信息包"转发机制,即负责在互联网上传输数据分组。

IP 是 TCP/IP 体系中的网络层协议,主要作用是将不同类型的物理网络互联在一起。因此需要将不同格式的物理地址转换成统一地址,将不同格式的帧(物理网络传输的数据单元)转换成"IP 数据包",从而屏蔽了下层物理网络差异,向上层传输层提供 IP 数据包,实现无连接数据包传送服务。IP 的另一个功能是路由选择。

(4) 网络接口层。四层模型的最底层是网络接口层,负责数据帧发送和接收。

2.1.3 计算机网络组成

计算机网络系统由硬件和软件组成。

1. 网络硬件

网络硬件由主体设备、连接设备和传输介质三部分组成。

1) 主体设备

计算机网络中主体设备称为主机(host),一般可以分为中心站(又称为服务器)和工作站(客户机)两类。

2) 连接设备

(1) 网卡。网卡又叫网络适配器(NIC),是计算机网络中最重要的连接设备之一,每个网卡都有一个固定、全球唯一的物理地址。

(2) 集线器。集线器主要提供信号放大和中转的功能。工作在物理层。

(3) 中继器。中继器作用是放大电信号。工作在物理层。

(4) 网桥。网桥是一种工作在数据链路层的存储转发设备。

(5) 路由器。路由器选择最佳路径传输数据。工作在网络层。

(6) 交换机。交换机基本取代了集线器和网桥,增强了路由选择功能。工作在 OSI 参考模型的数据链路层。

(7) 网关。网关又称为协议转换器。工作在传输层或更高层。

3) 传输介质

根据传输介质不同,分为有线传输介质和无线传输介质。

(1) 有线传输介质。

双绞线分为屏蔽双绞线和非屏蔽双绞线。

同轴电缆分为粗缆和细缆。

光纤分为单模光纤和多模光纤。

（2）无线传输介质。主要有无线电频率通信、红外通信、微波通信和卫星通信等。

2. 网络软件

计算机网络软件可以分为网络系统软件和网络应用软件两大类。

2.1.4 IP 地址和域名系统

1. IP 地址

1）概念

在 Internet 上为每台计算机指定的唯一的 32 位地址，称为 IP 地址。IP 地址具有固定、规范格式，由 32 位二进制数组成，分为 4 段，其中每 8 位构成一段，转换成用“.”隔开的四个十进制数表示，便于人们识别，如：202.10.197.3。

每一位十进制取值范围为 0～255，对应的二进制为 00000000～11111111。

IP 地址均由网络号和主机号两部分组成，分为 A、B、C 三类。

A 类：IP 地址范围为 1～127。

主机数：16777214 个。

B 类：IP 地址范围为 128～191。

主机数：65534 个。

C 类：IP 地址范围为 192～223。

主机数：254 个。

2）子网掩码

在实际应用中，IP 地址还可以分层，将一个网络分为多个子网。在分层时，不再把 IP 地址看作一个网络号和一个主机号，而是把主机号再分成一个子网号和一个主机号。

同一网络中不同子网用子网掩码来划分，子网掩码是网际地址中对应网络标识编码的各位为 1，对应主机标识编码各位为 0 的一个四字节整数。对于 A、B、C 三类网络来说，它们都有自己默认的掩码。

A 类地址网络子网掩码地址：255.0.0.0。

B 类地址网络子网掩码地址：255.255.0.0。

C 类地址网络子网掩码地址：255.255.255.0。

子网掩码是判断任意两台计算机 IP 地址是否属于同一子网的根据。将两台计算机各自 IP 地址与子网掩码进行 AND 运算后，如果得出结果相同，说明这两台计算机是处于同一个子网的，可以进行直接通信。

2. 域名系统

在 Internet 中，采用 IP 地址可以直接访问网络中一切主机资源，但是 IP 地址难以记忆，于是便产生了一套易于记忆、具有一定意义的地址，这就是域名。域名和 IP 地址之间的关系就像是姓名和身份证号码之间的关系，记忆姓名比记忆身份证号码容易多。需要注意的是，域名必须对应一个 IP 地址，而 IP 地址不一定有域名，一个 IP 地址也可以对应多个域名。

域名取名采用分层方式，一个完整域名由多级域名组成，每级域名之间用“.”分隔。其基本格式为

主机名.商标名(企业名).单位性质.国家代码或地区代码

如域名为www.sdbi.edu.cn。顶级域名cn表示计算机位于中国;edu表示教育机构;sdbi表示山东商务职业学院,即网络名;www表示主机名。

顶级域名分为通用(组织)域名和国家(地域)域名两类。

通用(组织)域名中,com代表商业机构,edu代表教育机构,gov代表政府机构,int代表国际性组织,mil代表军事部门,net代表网络服务机构,org代表非营利机构。

虽然域名方便记忆,但网络本身只认识二进制IP地址,当人们使用域名方式访问某台远程主机时,必须首先将域名"翻译"成对应IP地址,然后才能通过IP地址与该主机联系。这个"翻译"过程由域名服务器(domain name server,DNS)完成,称为域名解析。

2.1.5 接入和服务

1. Internet接入方式

Internet接入技术比较多,个人用户常用的接入方式主要有以下几种。

(1) PSTN方式。PSTN技术是利用PSTN设备,通过调制解调器拨号接入。

(2) ADSL方式。ADSL是一种能够通过普通电话线提供宽带数据业务的技术。

(3) LAN方式。如果用户是通过局域网(LAN)连接Internet,则不需要调制解调器和电话线路,而是需要一个网卡和网络连接线,通过集线器或交换机经路由器接入Internet,这种方式实际上是将局域网作为一个子网接入Internet。

(4) 无线方式。设备上具有无线通信模块,直接和无线信号收发设备连接。

(5) 无线局域网方式。通过无线路由器(access point,AP)建立无线局域网,设备再通过无线模块接入。

2. Internet应用

1) 万维网

万维网(world wide web,WWW)是Internet上集文本、声音、图像、视频等多媒体信息于一身的全球信息资源网络,是Internet重要组成部分。

浏览器是用户通向WWW的桥梁和获取WWW信息的窗口,通过浏览器用户可以搜索和浏览自己感兴趣的信息。

WWW网页文件是用超文本标记语言HTML编写的,并在超文本传输协议HTTP的支持下运行。超文本中不仅含有文本信息,还包括图形、声音、图像、视频等多媒体信息,超文本中隐含着指向其他超文本的链接,这种链接称为超链接。

WWW中的每一个网页,都有一个唯一标识来指示,称为统一资源定位器(URL)。URL是一个格式化字符串,它包含有被访问资源类型、服务器地址以及文件位置等,又称为"网址"。统一资源定位器由四部分组成,它的一般格式为

```
协议://主机名/路径/文件名
```

其中协议可以是HTTP,也可以是FTP等。主机名是指计算机地址,可以是IP地址,也可以是域名地址。路径是指信息资源在Web服务器上的目录。

2) 电子邮件服务

电子邮件服务(又称E-mail服务)是目前因特网上使用最频繁的服务之一,它为因特网用户之间发送和接收消息提供了一种快捷、廉价的现代化通信手段。

Internet 的电子邮箱地址组成如下：

用户名@电子邮件服务器名

电子邮件系统需要相应协议支持，在目前电子邮件系统中，最常用的邮件协议是 POP3 和 SMTP。

3）搜索引擎

搜索引擎其实也是一个网站，只不过该网站专门为用户提供信息检索服务，它使用特有的程序把因特网上信息归类，帮助人们在信息海洋中搜寻自己需要的信息。

4）文件传输

文件传输协议（FTP）是 Internet 常用服务之一，采用客户机/服务器工作模式。在 Internet 上，通过 FTP 及其程序（服务器程序和客户端程序），用户计算机和远程服务器之间可以进行文件传输。

5）远程登录 Telnet

Telnet 是 Internet 最早的活动之一，用户可以通过一台计算机登录到另一台计算机上，运行程序并使用相关服务。

2.1.6 网站与网页

1. 基本概念

网站是一个存放在网络服务器上的完整信息集合体。它包含一个或者多个网页，这些网页以一定方式链接在一起，成为一个整体，用来描述一组完整信息或宣传效果。有的网站内容众多，如新浪、搜狐等门户网站；有的网站只有几个页面，如企业网站。

网页是一种应用 HTML 语言编写，可以在 WWW 上传输，能被浏览器认识和翻译成页面并显示出来的文件，如“新浪”“搜狐”“网易”等，多个网页组成了网站。访问这些网站就是直接访问网页。主页是一个单独的网页，和一般网页一样，可以存放各种信息，同时又是一个特殊的网页，是整个网站的起始点。

一般来说，网页主要由文字、图片、动画、超链接和特殊组件等元素构成。

根据网页生成方式，大致可以分为静态网页和动态网页两种。静态网页就是 HTML 文件，文件扩展名通常是.htm 或.html。除非网页设计者自己修改网页内容，否则网页内容不会发生变化，故称为静态网页。动态网页是指网页文件里包含程序代码，网页内容会随程序执行结果发生变化。

2. 服务器与浏览器

网站位于 Web 服务器上。Web 服务器又称 WWW 服务器、网站服务器或站点服务器。从本质上讲，Web 服务器是一个软件系统，它通过网络接收访问请求，然后提供响应给请求者。浏览 Web 页面，必须在本地计算机上安装浏览器软件。浏览器就是 Web 客户端，它是一个应用程序，用于与 Web 服务器建立连接，并与之进行通信。

浏览器和服务器之间通过超文本传输协议（HTTP）进行通信。

3. 网页制作工具

利用网页制作工具，创作人员直接对 Web 页面进行编辑修改，并且能立即看到 Web 页面的显示效果。Dreamweaver、Flash、Fireworks 被称为网页制作“三剑客”。

4. 网页相关计算机语言

(1) HTML。HTML 是 Hypertext Markup Language 的缩写,是 WWW 技术基础,它使用一些约定标记对文本进行标注,定义网页数据格式,描述 Web 页中信息,控制文本的显示。

(2) XML。XML 中文名为可扩展标记语言,其主要用途是在 Internet 上传递或处理数据。

(3) CSS。CSS 中文名为层叠样式表,主要用来对网页数据进行编排、格式化、显示特效等。

(4) 脚本语言。脚本(script)语言是嵌入 HTML 代码中的程序,根据运行位置不同把它分为客户端脚本和服务器端脚本。

2.2 典型题目分析

一、单选题

1. 下列网络覆盖范围最小的是(　　)。

A. LAN　　B. MAN　　C. WAN　　D. Internet

正确答案:A

答案解析:局域网(local area network,LAN)地理范围从几百米到几千米,属于一个部门或单位组建的小范围内网络。

2. Internet 中计算机之间通信必须共同遵循的协议是(　　)。

A. HTTP　　B. SMTP　　C. UDP　　D. TCP/IP

正确答案:D

答案解析:网络中计算机之间的通信是通过协议实现的,它们是通信双方必须遵守的约定。Internet 采用的协议是 TCP/IP,它不是两种协议,而是一个协议簇(协议集合),其中包括 TCP 和 IP 以及其他一些协议。

3. 下列负责将域名转换为 IP 地址的是(　　)。

A. HTTP　　B. WWW　　C. TCP/IP　　D. DNS

正确答案:D

答案解析:HTIP 是指超文本传输协议,用来传递制作的网页文件;WWW 是指万维网;TCP/IP 是 Internet 中计算机之间通信必须共同遵循的协议;DNS 负责把域名转换为网络可以识别的 IP 地址。

4. 下列表示 C 类 IP 地址范围的是(　　)。

A. 192.0.0.0～223.255.255.255　　B. 128.0.0.0～191.2S5.255.255

C. 0.0.0.0～127.255.255.255　　D. 0.0.0.0～255.255.255.255

正确答案:A

答案解析:C 类 IP 地址用 24 位标识网络号,8 位标识主机号,最前面三位为 110。C 类 IP 地址的第一个 8 位表示数的范围为 192～223。

5. 网页是一种应用(　　)语言编写,可以在 WWW 上传输,能被浏览器认识和翻译成页面并显示出来的文件。

A. Visual Basic　　B. Java　　C. HTML　　D. C++

正确答案：C

答案解析：HTML是Hypertext Markup Language的缩写，即超文本标记语言，它使用一些约定的标记对文本进行标注，定义网页的数据格式，描述Web页中的信息，控制文本的显示。

二、多选题

1. 下列关于计算机网络的叙述中，正确的是(　　)。

A. 计算机网络是在网络协议控制下实现的计算机互联

B. 按照拓扑结构，可以将计算机网络分为局域网、城域网和广域网

C. 计算机网络的基本功能之一是数据通信

D. 从逻辑功能上看，可以把计算机网络分成通信子网和资源子网两个子网

正确答案：ACD

答案解析：根据网络的覆盖范围，可以将计算机网络分为局域网、城域网和广域网。

2. 下列电子邮件地址中，(　　)是错误的。

A. www.baidu.com　　B. www@139.com

C. 192.168.1.111　　D. http://www.google.cn

正确答案：ACD

答案解析：Internet的电子邮箱地址组成为

用户名@电子邮件服务器名

3. 在HTML的字体标记<font>中，包含(　　)属性。

A. href　　B. src　　C. size　　D. face

正确答案：CD

答案解析：size属性用于控制文字的大小。face属性用于指明文字使用的字体。href属性指明被超链接的文件地址。src属性用于指明图片文件所在的位置。

4. 在Dreamweaver中，关于图片超链接，下列说法正确的是(　　)。

A. 热点是图片上的超链接区域，用户单击热点区域可以转到相应的链接目标

B. 不能将整个图片设置为超链接，更不能为图片分配一个或多个热点

C. 图片中可以设置多个热点

D. 包含热点的图片称为图像映射

正确答案：ACD

答案解析：用户可以将整个图片设置为超链接，也可以为图片分配一个或多个热点。

5. 组建一个计算机网络需要有(　　)两大系统。

A. 资源子网　　B. 通信子网　　C. 网络硬件　　D. 网络软件

正确答案：CD

答案解析：计算机网络由网络硬件和网络软件两大部分组成。网络硬件由网络主体设备、网络连接设备和网络传输介质三部分组成；网络系统软件是控制和管理网络运行，提供网络通信、分配和管理共享资源的网络软件，它包括网络操作系统、网络协议软件、通信控制

软件和网络管理软件等。

三、填空题

1. ________被认为是 Internet 的前身。

正确答案:ARPANET

答案解析:ARPANET 是 1969 年创建完成的计算机网,它的建成标志着计算机网络的发展进入了第二代,它也是 Internet 的前身。

2. 计算机网络最突出的特征是________。

正确答案:资源共享

答案解析:可以共享的资源包括硬件资源、软件资源和数据资源。

3. 如果一个网址的末尾是".edu.cn",则表示该网站是________。

正确答案:教育机构

答案解析:通用(组织)域名中,com 代表商业机构,edu 代表教育机构,gov 代表政府机构,int 代表国际性组织,mil 代表军事部门,net 代表网络服务机构,org 代表非营利机构。

4. ________是一组相关网页和有关文件的集合,其主页用来引导用户访问其他网页。

正确答案:网站

答案解析:主页指输入一个 WWW 地址后在浏览器中出现的第一页。与书的序言和目录类似,在主页中通常提供该服务器所提供内容的简要描述和索引。

5. 计算机网络中 WAN 是指________。

正确答案:广域网

答案解析:广域网即 wide area network,缩写为 WAN。

四、判断题

1. 在计算机网络中,中继器是可以进行数字信号和模拟信号转换的设备。 (　　)

A. 正确　　B. 错误

正确答案:B

答案解析:中继器的作用是将数字信号放大,调制解调器则能进行数字信号和模拟信号的转换,以便将数字信号通过只能传输模拟信号的线路来传输。

2. 计算机网络中数据传输速率的单位是 b/s,代表 byte per second。 (　　)

A. 正确　　B. 错误

正确答案:B

答案解析:b/s 代表 bits per second 或比特/秒。

3. 在 Internet 上浏览网页时,浏览器和 Web 服务器之间的传输网页使用的协议是 HTTP。 (　　)

A. 正确　　B. 错误

正确答案:A

答案解析:超文本传输协议 HTTP 用来传递制作的网页文件。

4. FTP 协议属于文件传输协议。 (　　)

A. 正确　　B. 错误

正确答案:A

答案解析:文件传输协议 FTP 用于实现互联网中交互式文件传输功能。

5. 根据链接载体的特点，可以把链接分为文本超链接、图片超链接和锚记超链接三大类。（　）

A. 正确　　　　B. 错误

正确答案：B

答案解析：根据链接载体的特点，可以把链接分为文本超链接、图片超链接。

更多练习二维码

2.3　实训任务

1. 查看计算机的 IP 地址。
2. 练习使用 HTML 语言编写简单网页。

第 3 章　程序设计基础

3.1　知识点分析

程序设计是设计和构建可执行程序，以完成特定计算结果的过程，是软件构造活动重要组成部分，一般包含分析、设计、编码、调试、测试等阶段。熟悉和掌握程序设计基础知识，是现代信息社会中生存和发展基本技能之一。本章知识点主要包括程序设计基础知识、程序设计语言和工具、程序设计方法和实践等内容。

3.1.1　程序设计基本概念

程序设计基础 1

程序是指一组计算机能够识别的指令，按照一定顺序和规则组合在一起。

程序设计就是设计程序指令的过程，计算机可以依据这些指令有条不紊地进行工作。为了使计算机系统能实现各种功能，需要不同的、成千上万的程序，这些程序可以"同时"运行，也可以按照程序设计人员意志依次执行。

用来描述程序功能并实现程序设计的语言称为程序设计语言。

程序设计基础 2

3.1.2　发展历程和趋势

程序设计过程注重解决问题，是软件构造活动中的重要组成部分。

编程语言主要有三种风格，分别是"声明式编程""动态语言"以及多核环境下的"并发编程"。随着程序设计技术发展，"面向对象"语言、"动态语言"或"函数式"等边界变得越来越模糊。例如，主要编程语言都受到函数式语言影响，"多范式"程序设计语言的应用越来越广泛。

1. 命令式编程

程序设计基础 3

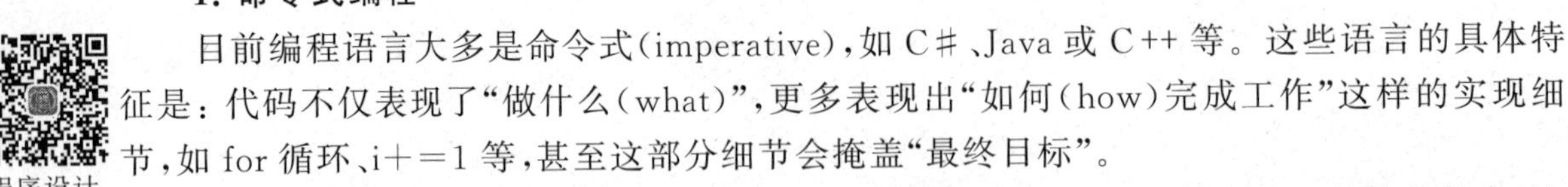

目前编程语言大多是命令式（imperative），如 C#、Java 或 C++ 等。这些语言的具体特征是：代码不仅表现了"做什么（what）"，更多表现出"如何（how）完成工作"这样的实现细节，如 for 循环、i+=1 等，甚至这部分细节会掩盖"最终目标"。

命令式编程通常会让代码变得十分冗余，更重要的是由于它提供了过于具体的指令，这样执行代码的基础设施（如 CLR 或 JVM）没有太多发挥空间，只能老老实实地根据指令一步步地向目标前进。例如，并行执行程序会变得十分困难，因为像"执行目的"这样更高层次的信息已经丢失了。编程语言趋势之一便是能让代码包含更多 what，而不是 how，这样执行环境便可以更加聪明地去适应当前执行要求。

2. 函数式编程

"声明式编程"是函数式编程。函数式编程历史悠久，它几乎和编程语言同时诞生，如

LISP便是一种函数式编程语言。除了LISP以外，还有其他许多函数式编程语言，如APL、Haskell和ML等。现在的编程语言，如C#、Python、Ruby和Scala等，它们都受到了函数式编程语言的影响。

3. 动态语言

动态语言不会严格区分“编译时”和“运行时”。对于一些静态编程语言(如C#)，往往先进行编译，此时可能会产生一些编译期错误，而对于动态语言来说，这两个阶段便混合在一起了。常见动态语言有JavaScript、Python、Ruby和LISP等。动态语言和静态语言各有一些优势，从编程语言发展过程中可以观察到这两种特点正在合并。

4. 并发编程

CPU多核化要求程序设计的并发思维方式有所改变。传统并发思维是在单个CPU上执行多个逻辑任务，使用分时方式或时间片模型来执行多个任务。如今并发场景则正好相反，是要将一个逻辑任务放在多个CPU上执行。这意味着对于语言或API来说，需要有办法来分解任务，把它拆分成多个小任务后独立地执行，传统编程语言并不关注这一点。

3.1.3 程序设计思路与流程

程序设计可以分为三步：分析、设计和试验。分析即运用计算思维和数学方法，厘清问题结构，找到问题核心；设计即通过某种具体语言和工具来实现程序，解决问题；试验即将设计完成的程序，在各种环境下进行运行，试验程序是否正确。

3.1.4 主流程序设计语言

程序设计语言是人类与计算机之间进行沟通的语言。程序设计语言与现代计算机共同诞生、共同发展。进入20世纪80年代以后，随着计算机日益普及和性能不断改进，程序设计语言也迅猛发展。

程序设计语言分为低级语言、结构化语言以及面向对象语言。

1. 低级语言

低级语言是面向机器的语言，依赖计算机结构，其指令系统随机器而异、生产效率低、容易出错、难以维护。低级语言分为机器语言和汇编语言。

1）机器语言

机器语言是最早、最原始的程序语言，也称第一代程序语言。机器语言是用二进制代码表示的机器指令集合，与每台计算机CPU等硬件有直接关系，难以理解、难以记忆也难以掌握，目前已经被淘汰。但是机器语言是计算机唯一能够直接执行的语言，大部分语言需要编译系统翻译成机器语言再运行。

2）汇编语言

为了便于普通人能够进行计算机编程，通过将机器指令符号化，使机器指令容易记忆，并且能够直接与符号相对应，这就是汇编语言。尽管汇编语言已经采用符号来帮助人们记忆枯燥的指令，但是仍然难以记忆，难学难用。由于汇编语言可以面向计算机硬件系统直接编程，并且效率较高，因此只有在一些特殊场合，如编写操作系统或者硬件驱动程序、信息通信等，才利用汇编语言进行程序设计。

2. 结构化语言

结构化语言的显著特征是代码和数据分离。这种语言能够把执行某个特殊任务的指令和数据从程序其余部分中分离出去或隐藏起来。获得隔离方法是调用局部(临时)变量子程序。通过使用局部变量,我们能够写出对程序其他部分没有副作用的子程序,这使编写共享代码段程序变得十分简单。

结构化语言比非结构化语言更利于进行程序设计,用结构化语言编写的程序更加清晰、更易于维护。例如,作为结构化语言,C 语言的主要结构成分是函数。在 C 语言中,函数是一种构件(程序块),是完成程序功能的基本构件。函数允许一个程序的任务被分别定义和编码,使程序模块化。通过开发一些分离性很好的函数,在引用时我们仅需要知道函数做什么,不必知道它如何做,可以快速完成程序设计。

结构化语言既有自然语言灵活性强、表达丰富的特点,又有结构化程序清晰易读和逻辑严密的特点。

3. 面向对象语言

面向对象语言以对象作为基本程序结构单位,围绕对象进行程序设计。语言中提供了类、继承等功能,刻画客观系统较为自然,便于软件扩充与复用,有以下四个主要特点。

识认性:程序基本构件是一组可识别的离散对象。

类别性:程序具有相同数据结构,并且相同对象组成同一类。

多态性:对象具有唯一的静态类型和多个可能的动态类型。

继承性:不同类中共享数据和操作。

其中,前三者为基础,继承性是特色。

典型的面向对象语言如下。

C++ 和 Java 是目前最流行的两种面向对象语言,二者均以 C 语言语法为基础,同时支持多继承、多态和部分动态绑定。

Python 提供了高效的高级数据结构,还能简单有效地面向对象编程。Python 语法和动态类型,以及解释型语言本质,都推动了其快速流行。近年来大数据技术和人工智能技术的发展带动了 Python 语言的快速发展。

Powerbuilder 是一种快速开发工具,它包含一个直观图形界面,可扩展面向对象编程语言 PowerScript,由于能够方便地和数据库连接,在管理信息系统开发方面应用广泛。

3.1.5 开发环境

软件开发环境(software development environment,SDE)是指在基本硬件和宿主软件基础上,为支持系统软件和应用软件工程化开发和维护而使用的一组软件。

软件开发环境按开发阶段分类,有前端开发环境(支持系统规划、分析、设计等阶段的活动)、后端开发环境(支持编程、测试等阶段的活动)、软件维护环境和逆向工程环境等。此类环境往往可通过对功能较全的环境进行剪裁而得到。

1. 构成

软件开发环境由工具集和集成机制两部分构成,工具集和集成机制间的关系犹如插件和插槽间的关系。

1）工具集

软件开发环境中的工具包括支持特定过程模型和开发方法，如支持瀑布模型及数据流方法的分析工具、设计工具、编码工具、测试工具和维护工具，支持面向对象方法的OOA工具、OOD工具和OOP工具等；独立于模型和方法的工具，如界面辅助生成工具和文档出版工具；也可包括管理类工具和针对特定领域的应用类工具。

2）集成机制

集成机制按功能可划分为环境信息库、过程控制和消息服务器以及环境用户界面三个部分。

环境信息库是软件开发环境核心，用于存储与系统开发有关信息，并支持信息交流与共享。库中储存两类信息：一类是开发过程中产生的被开发系统的信息，如分析文档、设计文档和测试报告等；另一类是环境提供的支持信息，如文档模板、系统配置、过程模型和可复用构件等。

过程控制和消息服务器是实现过程集成及控制集成的基础。过程集成是按照具体软件开发过程，进行工具选择与组合；控制集成是使工具之间进行并行通信和协同工作。

环境用户界面包括环境总界面、统一控制环境部件和工具界面。统一、具有一致视感的用户界面是软件开发环境的重要特征，能够保证充分发挥环境优越性，高效使用工具并减轻用户熟悉软件使用的工作量。

2. 常见开发环境

1）Turbo C

Turbo C不仅是一个快捷、高效的编译程序，同时还有一个易学、易用的集成开发环境。使用Turbo C无须独立编辑、编译和连接程序，就能建立并运行C语言程序。因为这些功能都组合在Turbo C集成开发环境内，可以通过一个主屏幕使用这些功能。

2）Visual C++

Visual C++是一个可视化软件开发工具，最主要的版本是Visual C++ 6.0，简称VC或者VC 6.0，能够将“高级语言”翻译为“机器语言(低级语言)”。1998年VC 6.0之后，就不再推出新的VC开发工具，而是将VC作为.NET开发平台的一个工具，之后推出的Visual C++其他版本，已经与原来的Visual C++有很大的不同了。

3）Visual Studio

Visual Studio(VS)是开发工具包系列产品，它是一个基本完整的开发工具集，不仅包括软件开发环境，同时还包括整个软件开发过程中所需要的大部分工具，如UML工具、代码管控工具和集成开发环境(IDE)等。VS这样的集成工具集，针对大型软件开发提供了比较方便的协同开发工具集，支持大型软件开发。

4）Java开发环境

Eclipse是一个开源IDE，这个开源IDE长期以来一直是开发者最可靠和最常用的IDE之一。它提供了一个基本框架，包含许多工具和插件。

Eclipse受欢迎的原因包括：标准化、内置测试、调试、源代码生成、插件服务器以及轻松访问“帮助”功能，同时还可以通过插件支持用多种语言进行程序开发。

5）Python开发环境

PyCharm是专业的Python集成开发环境，有两个版本：一个是免费社区版本，另一个是面向企业开发者的专业版本。免费版本中大部分功能都是可用的,包括智能代码补全、直观的项目导航、错误检查和修复、遵循 PEP8 规范的代码质量检查、智能重构以及图形化的调试器和运行器。PyCharm 专业版本支持更多高级功能,如远程开发功能、数据库支持以及对 Web 开发框架的支持等。

3.1.6 程序设计基础

下面以 C 语言为例介绍程序设计基础知识。

1. 基本语法

1) 关键字

计算机(运行环境)之所以能够理解语言所表述问题,并给出正确结果,这是因为程序中包含关键字,又称保留字。关键字是预先定义好的一些单词,运行环境可以直接理解。每个程序设计语言都有不同关键字,在程序设计过程中,不能去改变这些关键字的意思,在设计过程中输入其他字符,都是由关键字来进行阐述。C 语言常见关键字如表 3-1 所示。

表 3-1 C 语言常见关键字

关键字	说明	关键字	说明
auto	声明自动变量	else	条件语句否定分支
break	跳出当前循环	enum	声明枚举类型
case	开关语句分支	extern	声明变量或函数是在其他文件或本文件的其他位置定义
char	声明字符型变量或函数返回值类型	float	声明浮点型变量或函数返回值类型
const	定义常量	for	一种循环语句
continue	结束当前循环,开始下一轮循环	goto	无条件跳转语句
default	开关语句中的"其他"分支	if	条件语句
do	循环语句的循环体	int	声明整型变量或函数
double	声明双精度浮点型变量或函数返回值类型	long	声明长整型变量或函数返回值类型
register	声明寄存器变量	switch	用于开关语句
return	子程序返回语句	typedef	用于给数据类型取别名
short	声明短整型变量或函数	unsigned	声明无符号类型变量或函数
signed	声明有符号类型变量或函数	union	声明共用体类型
sizeof	计算数据类型或变量长度	void	声明函数无返回值或无参数,声明无类型指针
static	声明静态变量	volatile	声明变量在程序执行中可被隐含地改变
struct	声明结构体类型	while	循环语句的循环条件

2) 标识符

在设计程序过程中,除了关键字、运算符和标点符号以外,剩下大量由关键字定义的符号被统称为"标识符"。就像每个人都要有一个名字,每个事物都要有一个名称一样,程序代码中用标识符来表示程序中需要用到的变量、常量、函数、程序块和文件名等。

3）运算符

有了标识符之后，就需要用运算符将标识符联结起来，形成表达式，如表 3-2 所示。

表 3-2　C 语言中的运算符

<table>
<tr><th>类　型</th><th>运　算　符</th><th>说　明</th></tr>
<tr><td>算术运算符</td><td>加（＋）、减（－）、乘（＊）、除（/）、求余（或称模运算，%）、自增（＋＋）、自减（－－）</td><td>用于各类数值运算</td></tr>
<tr><td>关系运算符</td><td>大于（>）、小于（<）、等于（＝＝）、大于或等于（>＝）、小于或等于（<＝）和不等于（!＝）</td><td>用于比较运算</td></tr>
<tr><td>逻辑运算符</td><td>与（&&）、或（||）、非（!）</td><td>用于逻辑运算</td></tr>
<tr><td>位操作运算符</td><td>位与（&）、位或（|）、位非（～）、位异或（^）、左移（<<）、右移（>>）</td><td>用于位运算</td></tr>
<tr><td>赋值运算符</td><td>赋值（＝）、复合算术赋值（＋＝、－＝、＊＝、/＝、%＝）和复合位运算赋值（&＝、|＝、^＝、>>＝、<<＝）</td><td>用于赋值运算</td></tr>
<tr><td>条件运算符</td><td>条件求值（?:）</td><td>唯一的三目运算符</td></tr>
<tr><td>逗号运算符</td><td>把若干表达式组合成一个表达式（,）</td><td>用于多个表达式连接，以构成一个更大的表达式</td></tr>
<tr><td>指针运算符</td><td>取内容（＊）和取地址（&）</td><td>用于指针运算</td></tr>
<tr><td>求字节数运算符</td><td>计算数据类型所占的字节数（sizeof）</td><td>有点像函数</td></tr>
<tr><td>特殊运算符</td><td>括号()、下标[]、成员（→）</td><td>特殊数据结构运算</td></tr>
</table>

4）标点符号

构成程序设计语言的除了上述变量、运算符、表达式以外，还有一些标点符号，如"{""}"和";"，如表 3-3 所示。有的程序设计语言不使用标点符号来分隔程序。

表 3-3　C 语言中的标点符号

符号	作　用	说　明
{	程序块开始	程序块是指相对功能独立的一段程序，由若干条语句组成
}	程序块结束	
;	一条语句结束	
,	未结束的语句	也作为运算符
()	优先运行	也作为运算符

2. 数据类型

不同语言数据类型有所不同，常见数据类型可分为两大类：基本数据类型和导出数据类型。基本数据类型包括整型、浮点型、字符型、布尔型和字符串型等；导出数据类型是由基本数据类型构造出来的数据类型，包括数组、枚举、结构体、指针和类等。

3. 程序基本结构

程序有三种基本的控制结构，即顺序结构、选择结构（也称分支结构）和循环结构。

1）顺序结构

程序中语句是按照编写时顺序自上而下、一条一条地执行，这一过程就称为顺序执行，这些语句组成的结构就称为顺序结构。

2）选择结构

在许多实际问题程序设计中，需要根据不同情况选择执行不同语句序列。在这种情况下，必须根据某个变量或表达式值作出判断，以决定执行哪些语句和跳过哪些语句不执行，这种结构就是选择结构，也称分支结构。

3）循环结构

在一些算法中，经常会遇到从某处开始，按照一定条件反复执行某些步骤的情况，这就是循环结构，反复执行的步骤为循环体。

4. 函数

在C语言中，程序从main()函数开始执行。对于每一个问题，都必须用一个main()函数来处理，其他程序设计语言解决问题的方式也大同小异。但是一旦问题比较复杂，代码写得很长，显然非常不利于程序设计和调试。函数即采用分而治之方法，将一个较大问题分解为若干个较小问题，然后每个问题相对独立，通过解决这些子问题，迅速地解决整个问题。

1）函数优点

(1) 具有良好的可读性。

(2) 便于程序调试。

(3) 便于程序设计人员分工编写，分阶段调试。

(4) 函数通过参数，能够实现数据的交互。

(5) 节省程序代码、存储空间和程序设计时间。

(6) 有利于进行结构化程序设计。

2）函数分类

依据不同分类标准，函数可以分为不同类型，从函数是由谁定义的角度来分，函数可分为库函数和自定义函数两种。

库函数由编译系统提供，程序设计人员无须定义，也不必在程序中作类型说明，只需在程序前包含该函数源文件即可。

自定义函数是由程序设计人员根据程序需求设计的函数。对于自定义函数，不仅要在程序中定义函数本身，而且在主调函数模块中还必须对该被调函数进行类型说明，然后才能使用。

3）函数组成

C语言中函数定义一般形式如下：

```
return_type function_name(parameter list)
{
body of the function
}
```

在C语言中，函数由一个函数头和一个函数主体组成。

下面列出一个函数的所有组成部分。

返回类型：一个函数可以返回一个值。return_type是函数返回值的数据类型。有些函数执行所需操作而不返回值，在这种情况下，return_type是关键字void。

函数名称：函数实际名称。函数名和参数列表一起构成了函数签名。

参数：参数就像是占位符。当函数被调用时，需向参数传递一个值，这个值被称为实际参数。参数列表包括函数参数的类型、顺序和数量。参数可选，也就是说，函数可能不包含参数。

函数主体：函数主体包含一组定义函数执行任务的语句。

4）函数声明

函数声明会告诉编译器函数名称及如何调用函数。函数实际主体可以单独定义。

函数声明包括以下几个部分：

```
return_type function_name(parameter list);
```

5）函数调用

创建C函数时，会定义函数做什么，然后通过调用函数来完成已定义的任务。

当程序调用函数时，程序控制权会转移给被调用的函数。被调用的函数执行已定义的任务，当函数的返回语句被执行，或到达函数的结束括号时，会把程序控制权交还给主程序。调用函数时，需传递所需参数，如果函数返回一个值，则可以存储返回值。

3.1.7　简单程序的编写和调测

要编辑完成一个C语言源程序并最终在计算机上看到程序执行结果，需经过以下几个步骤。

（1）上机编辑源程序文件（生成 .c 源程序文件）。

（2）编译源程序文件（生成 .obj 目标文件）。

（3）与库函数连接（生成 .exe 可执行文件）。

（4）执行可执行文件。

在这个过程中，对程序设计人员而言，编译源程序文件可能会遇到各种各样的错误提示，这表明源程序文件有语法结构或语句的设计和书写上的错误；在执行可执行文件得到程序执行结果后，可能会遇到得到的执行结果与设计结果不符，这表明源程序文件有可能存在逻辑设计上的错误。诸如此类的错误都需要通过程序的调试才能找到错误并进行修改。程序调试是指对程序查错和排错。在程序调试过程中应掌握以下方法和技巧。

首先进行人工检查，即静态检查。在写好一个程序以后，应先对程序进行人工检查。人工检查能发现因程序设计人员疏忽而造成的错误。

人工检查无误后，上机调试。通过上机调试发现错误称为动态检查。在编译时会给出语法错误的信息，调试时可以根据提示信息具体找出程序中出错之处并改正。

改正语法错误后，进行链接（link）并运行程序，对运行结果进行分析。运行程序，输入程序所需数据，得到运行结果后，应当对运行结果进行分析，看它是否符合要求。

如果运行结果不正确，应首先考虑程序是否存在逻辑错误。对运行结果不正确这类错误，往往需要通过仔细检查和分析才能发现。

3.2　典型题目分析

一、单选题

1. 计算机中可以直接执行的是（　　）。

A. 高级语言　　B. 人类语言　　C. 汇编语言　　D. 机器语言

正确答案：D

答案解析：机器语言是由0、1代码组成的指令集合，这种语言编程质量高，所占存储空间小，执行速度快，是计算机唯一能够直接执行的语言。

2. 一般用高级语言编写的程序称为(　　)。

A. 编译程序　　B. 编辑程序　　C. 连接程序　　D. 源程序

正确答案：D

答案解析：用高级语言编写的程序称为源程序，源程序是源代码和数据构成的文件。

3. 在下列语言中，计算机处理执行速度最快的是(　　)。

A. 机器语言　　B. 汇编语言　　C. C语言　　D. Java语言

正确答案：A

答案解析：机器语言编程质量高、所占空间小、执行速度快，是计算机唯一能够直接识别和执行的语言，因此计算机处理执行机器语言的速度是最快的。

4. C语言是计算机的(　　)语言。

A. 机器　　B. 高级　　C. 翻译　　D. 汇编

正确答案：B

答案解析：高级语言程序易学、易读、易修改，不依赖机器，但是计算机不能直接执行用高级语言编写的程序，必须经过语言处理程序的翻译后才能被计算机接受和执行。

5. 下列关于高级语言的说法中，(　　)是错误的。

A. 高级语言是最接近人们日常生活的语言，因而使用最方便

B. 用高级语言编写生成的应用程序的运行速度是最快的

C. 高级语言必须经过翻译后才能在计算机上运行

D. 高级语言举例：Basic、C、Java等

正确答案：B

答案解析：相对来说，用机器语言编写的程序采用二进制，计算机能够直接识别并执行，所以运算速度最快。用高级语言编写的程序计算机不能直接运行，必须经过语言处理程序的翻译后才可以被接受，运行速度较慢。

二、多选题

1. 比较算法和程序，下列说法不正确的是(　　)。

A. 可以采用“伪代码”来描述算法

B. 程序必须是CPU可直接执行的机器语言

C. 算法和程序都必须满足有穷性

D. 算法其实就是程序

正确答案：BCD

答案解析：算法可以理解为由基本运算及规定的运算顺序所构成的完整解题步骤，可以用自然语言、流程图、伪代码或计算机语言表示，故A项正确。许多程序都是用高级语言编写的，这些程序都不能直接由CPU执行，故B项错误。算法需要满足有穷性，但程序不需要，C项错误。程序＝算法＋数据结构，D项错误。

2. 程序设计语言通常分为(　　)等类型。

A. 机器语言　　B. 汇编语言　　C. 高级语言　　D. 解释语言

正确答案：ABC

答案解析：程序设计语言是指计算机能够接受和处理的，具有一定格式的语言。程序设计语言的发展分为三代，第一代是机器语言，是计算机唯一能够直接执行的语言；第二代是汇编语言，采用一定的助记符来代替机器语言中的指令和数据；第三代是高级语言，机器不能直接执行用其编写的程序，必须经过语言处理程序的翻译后才能被机器接受。

3. 以下关于结构化程序设计的叙述中不正确的是(　　)。

A. 一个结构化程序必须同时由顺序、选择和循环三种结构组成

B. 结构化程序使用goto语句会很便捷

C. 在C语言中，程序的模块化是利用函数实现的

D. 结构化程序设计的程序模块可以有多个入口和出口

正确答案：ABD

答案解析：顺序结构、选择(条件)结构和循环结构是结构化程序设计的三种基本结构。程序可以包含一种或者几种结构，无须同时包含这三种结构。goto语句的使用会使程序结构混乱并且也不易阅读，所以应避免使用。结构化程序设计的程序模块具有唯一的入口和出口。

4. 下列属于面向对象程序设计语言的是(　　)。

A. C++　　B. Java　　C. Fortran　　D. Python

正确答案：ABD

答案解析：常见的面向对象设计语言有C++、Java、C#、Python等，Fortran属于面向过程程序设计语言。

5. 下列计算机语言中，(　　)依赖机器，可移植性差。

A. 机器语言　　B. 汇编语言　　C. 高级语言　　D. 自然语言

正确答案：AB

答案解析：计算机语言分为三类，分别是机器语言、汇编语言和高级语言，其中机器语言和汇编语言都依赖机器，不同类型机器的机器语言和汇编语言往往不同，可移植性差。

三、填空题

1. 结构化程序设计的三种基本控制结构是________、________和________。

正确答案：顺序结构，选择结构，循环结构

答案解析：结构化程序设计的三种基本控制结构是顺序、选择和循环。顺序结构中执行过程是按顺序从第一条语句执行到最后一条语句。选择结构是根据不同的条件判断来决定程序执行走向的结构。循环结构中通常都有一个起循环计数作用的变量，这个变量的取值一般都包含在执行或终止循环的条件中。

2. 在一次电视评选活动中，有三位评委为每位选手打分。如果三个评委都亮绿灯，则进入下一轮；如果两个评委亮绿灯，则进入待定席；如果红灯数超过两盏则淘汰。最适合用到的程序结构是________。

正确答案：选择结构

答案解析：选择结构就是根据选择条件，判断条件成立情况，选择某一条路径中的指令执行。

3. ________是用介于自然语言和计算机语言之间的文字和符号来描述算法。

正确答案：伪代码

答案解析：算法的表示方法有很多，常用的有自然语言、传统的流程图、N-S 图、伪代码和计算机语言等。伪代码是用介于自然语言和计算机语言之间的文字和符号来描述算法。

4. C 语句的最后用________结束。

正确答案：分号

答案解析：分号在 C 语言中表示一个语句的结束。

5. 在 C 语言中，程序从________函数开始执行。

正确答案：main()

答案解析：C 程序的执行是从 main()函数开始的，如果在 main()函数中调用其他函数，在调用后流程返回 main()函数，在 main()函数中结束整个程序的运行。

四、判断题

1. 只能使用流程图来表示算法。（　　）

A. 正确　　B. 错误

正确答案：B

答案解析：算法的表示方法有很多，常用的有自然语言、传统的流程图、N-S 图和伪代码等。

2. 算法的时间复杂度对程序的质量没有影响，空间复杂度决定了程序质量的好坏。（　　）

A. 正确　　B. 错误

正确答案：B

答案解析：评价一个算法的质量优劣主要从时间复杂度和空间复杂度来考虑。

3. C 语言是一种计算机高级语言。（　　）

A. 正确　　B. 错误

正确答案：A

答案解析：C 语言是一种结构化程序设计语言，属于高级语言。

4. 高级语言是计算机能够直接执行的语言。（　　）

A. 正确　　B. 错误

正确答案：B

答案解析：机器语言是计算机能够直接执行的语言，高级语言必须通过翻译程序翻译，才能被计算机执行。

5. 汇编语言是依赖机器的语言。（　　）

A. 正确　　B. 错误

正确答案：A

答案解析：汇编语言是依赖机器的语言，可移植性差。

更多练习二维码

3.3　实训任务

1. 输入一组数，求这组数的最大值，参考下图，用C语言实现。

```
输入数的个数：10
输入这些数：45 62 51 4 3 1 98 52 64 100
这些数中最大的数是:100
```

2. 有五个学生，每个学生有3门课的成绩，从键盘输入以上数据（包括学生号、姓名和三门课成绩），计算出平均成绩，将原有的数据和计算出的平均分数存放在磁盘文件stud中。

第 4 章　数据处理基础

4.1　知识点分析

数据已经成为构成人类社会的基本元素之一。数据处理是从大量杂乱无章、难以理解的数据中，抽取并推导出有价值、有意义的数据。数据处理贯穿于社会生产和社会生活的各个领域。数据处理技术的发展及应用影响了人类社会发展进程。本章知识点主要包括数据和数据处理相关概念，数据模型、数据库基本操作等内容。

数据处理基础 1

4.1.1　数据处理基本概念

1. 数据

数据(data，简称 D)是指存储在某种媒体上且能够识别的物理符号，是事实或观察结果，是对客观事物的逻辑归纳。数据包括两个方面：一是内容，二是存储形式。

2. 数据处理

数据处理是指对各种形式的数据，进行收集、存储、加工和传播一系列活动总和。

3. 数据库

数据库(database，DB)是长期存放在计算机内，有组织、可表现为多种形式可共享的数据集合。

4. 数据库管理系统

数据库管理系统(database management system，DBMS)是对数据库进行管理的系统软件，它的职能是有效地组织和存储、获取和管理数据以及接受和完成用户访问数据的各种请求。

5. 数据库系统

数据库系统(database system，DBS)是指拥有数据库技术支持的计算机系统，可以实现有组织、动态地存储大量相关数据以及提供数据处理和信息资源共享服务。

几种数据库系统的包含关系由小到大：D→DB→DBMS→DBS。

数据处理基础 2

4.1.2　数据管理技术的发展

数据管理技术经历三个阶段，如表 4-1 所示。

表 4-1　数据管理技术三个阶段

人工管理阶段	文件系统阶段	数据库系统阶段
数据不保存在机器中	数据可长期保存在磁盘上	数据结构化
没有管理数据的软件	文件系统管理数据	数据由 DBMS 统一控制

续表

人工管理阶段	文件系统阶段	数据库系统阶段
数据无共享	数据共享性差、冗余大	高共享、低冗余
数据不具有独立性	数据独立性差	数据独立性高

4.1.3 数据库系统

1. 数据库系统

数据库系统由四部分组成，即硬件系统、系统软件、数据库应用系统和各类人员。

2. 数据库管理系统

数据库管理系统(DBMS)是一种操纵和管理数据库的系统软件，用于建立、使用和维护数据库。

根据处理对象不同，数据库管理系统的层次结构由高级到低级依次为应用层、语言翻译处理层、数据存取层、数据存储层和操作系统。

3. 常见的数据库

常见的数据库包括 SQL Server、Access、MySQL、Visual FoxPro、DB2、SYBASE 等。

(1) SQL Server。SQL Server 是一种典型的关系型数据库管理系统，使用 transact-SQL 语言完成数据操作。

(2) Visual FoxPro。Visual FoxPro 简称 VFP，是 Microsoft 公司推出的数据库管理/开发软件。

(3) Access。Access 是 Microsoft Office 办公系列软件的一个重要组成部分，主要用于数据库管理。

(4) MySQL。MySQL 是一个小型关系型数据库管理系统，其最大特点是开源。

4.1.4 数据模型

1. 数据模型

数据库用数据模型对现实世界进行抽象，现有数据库系统都是基于某种数据模型。

数据模型可分为概念数据模型、逻辑数据模型和物理数据模型。概念数据模型从用户角度强调对数据对象的基本表示和概括性描述(包括数据及其联系)，不考虑计算机具体实现，与具体 DBMS 无关。逻辑数据模型是从计算机系统角度出发对数据建模，用于 DBMS 实现。物理数据模型是描述数据在物理级别存储方式及存取方法。每种逻辑数据模型在实现时，都有其对应物理数据模型的支持。

数据库中最常见的逻辑数据模型有以下三种。

1) 层次模型

层次模型用树形表示数据之间多级层次结构。

结构特点：只有一个最高结点——根结点；其余结点有而且仅有一个父结点。

应用：行政组织机构、家族辈分关系等。

2) 网状模型

网状模型是用网络结构表示实体类型及其实体之间联系的模型。

结构特点：允许结点有多于一个父结点；可以有一个以上结点没有父结点。

3）关系模型

关系模型把世界看作由实体和联系构成，用二维表格来描述实体及实体之间的联系。

所谓实体，是指客观存在并且可以相互区别的事物，可以是具体事物，如一个学生、一本书，也可以是抽象事物，如一次考试。联系就是指实体之间的关系，即实体之间的对应关系。联系可以分为以下三种。

一对一的联系(1∶1)：如校长和学校之间是一对一的联系。

一对多的联系(1∶n)：如学校和学生之间是一对多的联系。

多对多的联系(m∶n)：如学生和课程之间是多对多的联系。

2. 关系数据库

1）基本概念

关系：一个关系对应一张二维表，每个关系有一个关系名。在计算机中，数据存储按照对应关系在文件中，数据库文件中一个表对象就是一个关系。

元组：二维表中水平方向的行称为元组，也叫作一条记录。

属性：二维表中垂直方向的列称为属性，也叫作一个字段。

例如，在设计学生管理系统时，学生信息表中可以设计多个列(学号、姓名、性别、出生日期和选修专业)，称为属性；表中每一行数据，称为一条记录；这种属性和记录对应方式，称为关系。

属性名：二维表第一行显示的每一列名称在文件中对应的字段名，如“姓名”“性别”等。

域：属性的取值范围，如学生信息表中“性别”的域为男或女。

候选码：二维表中某个属性或属性组，若它的值唯一地标识了一个元组，则称该属性或属性组为候选码。若一个关系有多个候选码，则选定其中一个为主码，也称为主键，如学生信息表中可以把“学号”作为主键。

分量：行和列交叉位置表示某个属性值。元组中一个属性值叫作一个分量。

关系模式：对关系的描述，通常简记为：关系名(属性名 1，属性名 2，…，属性名 n)。

2）关系性质

每一列中只能存储类型相同的数据；关系中交换任意两列位置不影响数据实际含义；不能有相同属性名(字段名)；关系中交换任意两行位置不影响数据实际含义；分量是表中不可再分割的最小数据项，即表中不允许有子表；表中任意两行不能完全相同。

3）关系运算

选择：从指定关系中选择满足给定条件的元组，组成新关系。

投影：从指定关系属性集合中选取若干个属性，组成新关系。

连接：从两个关系的笛卡儿积中选取属性间满足一定条件的元组。

4.1.5 数据库基本操作

1. 数据库对象

数据库通常通过数据库管理系统进行维护，主要功能是维护数据库以及接收和完成用户提出的访问数据请求。

数据库对象包括表、查询、窗体、报表、宏和模块。

大部分数据管理系统在任何时刻，只能打开并运行一个数据库。但是在每一个数据库中，可以拥有众多的表查询、窗体报表宏和模块。

1）表

在关系数据库中，表是有结构的数据集合，是数据库应用系统的数据“仓库”。表用于存储基本数据。对具有复杂结构的数据，可以使用多张数据表，这些表之间可以通过相关字段建立关联。

2）查询

查询用于在一个或多个表内查找某些特定数据，完成数据检索定位和计算功能供用户查看。查询结果也可为二维表形式，但它与数据表对象不同。用户可以基于数据表建立查询，也可以基于查询创建其他查询。

3）窗体

窗体向用户提供交互界面，更方便进行数据输入/输出。窗体数据源可以是一个或多个数据表，也可以是查询结果。

4）报表

报表可以将数据按指定格式进行显示或打印。报表数据源可以是一张或多张数据表或查询结果。建立报表时还可以进行计算，如求和及求平均值等。

5）宏

宏是由具有宏名的一系列命令组成，用来简化一些需要重复的操作。宏可以单独使用，也可以与窗体配合使用。

6）模块

模块在关系数据库中最复杂，同时功能也最强大，通过程序设计语言编制的过程和函数组成。模块通常与窗体、报表结合起来完成完整应用功能。

2. 创建数据库和数据表

1）创建和打开数据库

创建数据库有两种方法：一种是使用模板创建数据库，另一种是从空白处创建一个数据库。使用模板创建数据库又分为样本模板、我的模板、最近打开模板以及 office.com 模板等几种方式。

2）创建表

表是关系数据库系统基本结构，是关于特定主题数据集合。Access 中表也由结构和数据两部分组成。

（1）在新数据库中创建表。

（2）使用设计视图创建表。此种方式只能创建、修改和删除表结构，无法对记录修改。

（3）通过导入来创建表。

3）在表中添加新字段和删除字段

（1）在设计视图中添加和删除字段。

（2）在数据表视图中添加和删除字段。

4）设置字段属性

在数据库管理系统中，使用设计视图创建表是最常用的方法之一。在设计视图中可以设置字段属性。

（1）数据类型。关系数据库定义了 12 种数据类型，在具体使用时根据需要设定数据类型。

(2) 选择数据格式。必须正确选择数据格式,确保数据表示方式一致。

(3) 改变字段大小。当某个字段需要存储的数据大于预先设定数据格式时,可以通过改变字段大小实现数据存储。

(4) 输入掩码。掩码能够将输入数据变成特殊符号,以保证数据安全。

(5) 设置有效性规则和有效性文本。有效性规则用来防止非法数据输入表中,对输入数据起着限定作用。

(6) 设定主键。主键就是数据表中的某一字段,通过该字段值可确定表中每一条记录,主键不允许重复,以保证每一行数据不同。

(7) 设置索引。创建索引可以加快对记录进行查找和排序速度,除此之外创建索引还对建立表的关系、验证数据的唯一性有用。

字段索引可以取"无""有(有重复)""有(无重复)"三个值。

索引分为主索引、唯一索引和常规索引三种。

5) 建立和编辑表间关系

建立表间关系不仅建立了表之间关联,还保证了数据库完整性。

3. 创建查询

查询是数据库处理和分析数据工具。查询是在指定的(一个或多个)表中,根据给定条件从中筛选所需要的信息,供使用者查看、更改和分析使用。

可以使用查询添加、更改或删除表中的数据。

根据对数据来源操作方式、对查询结果组织形式不同,可以将查询分为:选择、参数查询、交叉表、操作和 SQL 五大类。

1) 选择

选择是最常见查询类型,它从一个或多个表中检索数据。也可以使用选择来对记录进行分组,并且对记录进行合计、计数、计算平均值等计算。

查询结果仅是一个临时动态数据表。

2) 参数查询

参数查询根据用户输入条件去执行查询命令,检索出满足条件的记录。

3) 交叉表

使用交叉表可以计算并重新组织数据模块,这样可以更加方便地分析数据。交叉表对记录进行合计、计算平均值、计数等计算。这种数据可分为两组信息:一类在数据表左侧排列,另一类在数据表顶端。

4) 操作

使用操作可对许多记录进行更改和移动。有以下四种操作查询:生成表、追加、更新和删除。

生成表是利用一个或多个表中的全部或部分数据创建新表。利用生成表建立新表时,如果数据库中已有同名表,则新表将覆盖该同名表。

追加是将一个或多个表中的一组记录,添加到另一个已存在的表末尾。要被追加记录的表必须是已经存在的表。这个表可以是当前数据库中的表,也可以是另外一个数据库中的表。

更新是对表中部分记录或全部记录进行更改，用在一次更新一批数据操作中。

删除是从一个或多个表中删除一组记录。删除整个记录，而不是只删除记录中所选的字段。如果启用级联删除，则可以用删除从单个表中、从一对一关系的多个表中，或一对多关系中的多个表删除相关的记录。表中记录删除后不能恢复。

5）SQL

SQL(structure query language)的中文名称为结构化查询语言。SQL 是一种专门针对数据库操作的计算机语言。SQL 语言使用 SQL 语句创建查询，实现对数据库操作。

在数据库管理系统中，查询对象本质上是用 SQL 语言编写的命令。使用视图模式查询数据，系统自动把它转换为相应的 SQL 语句。运行一个查询对象，实质上就是执行该查询中指定的 SQL 命令。

大部分数据管理系统提供了运行 SQL 语句的功能。

下面简单介绍 SQL 中的常用语句。

(1) SELECT 语句(查询)。

基本格式如下：

```
SELECT 字段名表[INTO 目标表] FROM 表名[WHERE 条件][ORDER BY 字段][GROUP BY 字段
[HAVING 条件]]
```

其中：

SELECT 用于指定整个查询结果表中包含的列。

FROM 表示从哪些表中查询。

WHERE 说明查询条件，缺省时对全体记录操作。

ORDER BY 字段在表中按指定字段进行升序或降序排列。

GROUP BY 字段用于指定执行 FROM、WHERE 子句后得到的表按哪些字段进行分组。

HAVING 条件与 GROUP BY 子句一起使用，用于指定 GROUP BY 子句得到组表的选择条件。

INTO 目标表将查询结果输出到指定的目标表。

(2) UPDATE 语句(字段内容更新)。

基本格式如下：

```
UPDATE 表名 SET 字段=表达式[ WHERE 条件]
```

功能：用于更新表中记录。

(3) INSERT 语句(插入记录)。

基本格式如下：

```
INSERT INTO 表名(字段名表)VALUES(内容列表)
```

功能：用于向数据库某个表中添加新的数据行。

(4) DELETE 语句(删除记录)。

基本格式如下：

```
DELETE FROM 表名[WHERE 条件]
```

功能：删除指定表中符合条件的记录。

4. 创建窗体和报表

1) 创建窗体

窗体又称表单,既是管理数据库窗口,又是用户和数据库之间的桥梁。

一个数据库系统开发完成后,对数据库的所有操作都是在窗体界面中进行。一些数据库管理系统有六种窗体视图类型:窗体视图、数据表视图、设计视图、数据透视表视图、数据透视图视图和布局视图。

窗体设计视图中,可以包含五部分:窗体页眉、页面页眉、主体、页面页脚和窗体页脚。

2) 创建报表

使用数据库时,一般使用报表来查看数据、设置数据格式和汇总数据。报表是一种数据库对象,可用来显示和汇总数据。报表还提供了一种分发或存档数据快照的方法,可以将它打印出来、转换为 PDF 或 XPS 文件或导出为其他文件格式。

关系数据库中报表可以按节设计,可以在设计视图中打开报表以查看各个节。

报表页眉:此节只在报表开头显示一次。

页面页眉:此节显示在每页顶部。

组页眉:此节显示在每个新记录组的开头。

主体:此位置用于放置组成报表主体控件。

组页脚:此节位于每个记录组末尾。

页眉页脚:此节位于每页结尾。

报表页脚:此节只在报表结尾显示一次。

用户通过使用"创建"选项卡上"报表"组中按钮可以创建各种报表。使用"报表向导"可以创建标准报表,然后用户可以按照需求,在"设计视图"中对报表进行自定义设计。用户还可以直接在"设计视图"和"布局视图"中创建自定义报表。

4.2 典型题目分析

一、单选题

1. (　　)是为建立使用和维护数据库而配置的专门数据管理软件。

A. 数据库系统　　B. 数据库管理系统

C. 数据库技术　　D. 数据库设计

正确答案:B

答案解析:数据库管理系统是为建立、使用和维护数据库而配置的专门数据管理软件,是数据库系统的核心组成部分,数据库的一切操作,如查询、更新、插入,删除以及各种控制,都通过 DBMS 进行。

2. 在数据库关系模型中,如果一个人可以选多门课,一门课可以被很多人选,那么,人与课程之间的联系是(　　)。

A. 一对一的联系　　B. 一对多的联系

C. 多对一的联系　　D. 多对多的联系

正确答案:D

答案解析：如果一个人可以选多门课，一门课可以被很多人选，很显然是多对多的联系，如在常见的订单管理数据库中“产品”表和“订单”表之间的关系。单个订单中可以包含多个产品。另外，一个产品可能出现在多个订单中。因此，对于“订单”表中的每条记录，都可能与“产品”表中的多条记录对应。此外，对于“产品”表中的每条记录，都可以与“订单”表中的多条记录对应，这种关系称为多对多关系。

3. 下列正确的SQL语句是(　　)。

A. SELECT * HAVING user　　B. SELECT * WHERE user

C. SELECT * FROM user　　D. SELECT user INTO *

正确答案：C

答案解析：SELECT子句表示要选择显示哪些字段，*代表所有字段，FROM子句用来表示从哪些表中查询。

4. 在数据库中，查询的数据可以来自(　　)。

A. 仅一个表　　B. 仅多个表

C. 多个表或其他查询　　D. 以上均可

正确答案：C

答案解析：查询的数据来源可以是表对象，也可以是查询对象，可以来自一个表对象或查询对象，也可以是多个表对象或查询对象。

5. 下列关于数据库的叙述，正确的是(　　)。

A. 数据库中的数据存储在表和报表中

B. 数据库中的所有数据存储在表中

C. 数据库中的数据存储在表和查询中

D. 数据库中的数据存储在表、查询和报表中

正确答案：B

答案解析：关系数据库中，表是有结构的数据的集合，是数据库应用系统的数据“仓库”，用于存储基本数据。

二、多选题

1. 关于表和数据库，下列说法正确的是(　　)。

A. 一个数据库可以包含多个表　　B. 表是数据库的基础

C. 一个表就是一个文件　　D. 一个表可以包含多个数据库

正确答案：AB

答案解析：在每一个数据库中，可以拥有众多的表、查询、窗体、报表、宏和模块。表是有结构的数据集合，是数据库应用系统数据“仓库”，是数据库的基础。

2. 下列属于数据库管理系统的是(　　)。

A. SQL Server　　B. Access　　C. Oracle　　D. UNIX

正确答案：ABC

答案解析：UNIX是一种操作系统。

3. 关系数据库表中的列称为(　　)。

A. 属性　　B. 元组　　C. 字段　　D. 记录

正确答案：AC

答案解析：数据库中的列称为“属性”或“字段”。

4. 关系数据库表中的行称为(　　)。

A. 属性　　B. 元组　　C. 字段　　D. 记录

正确答案：BD

答案解析：数据库中的行称为“元组”或“记录”。

5. 某数据库中建有“学生”表，包含学号、性别、姓名和出生年月等字段，要查询该表中女同学的姓名，需要应用的关系运算有(　　)。

A. 选择　　B. 投影　　C. 连接　　D. 笛卡儿积

正确答案：AB

答案解析：查询该表中女同学的所有记录，利用选择运算，再从查询到的女同学记录中，利用投影运算选择出女同学姓名。

三、填空题

1. ________是长期存放在计算机内、有组织、可表现为多种形式的可共享的数据集合。

正确答案：数据库

答案解析：数据库是长期存放在计算机内、有组织、可表现为多种形式的可共享的数据集合。数据库不仅包含数据本身，也包含数据之间的联系。

2. 数据库中最常见的数据模型有三种，即层次模型、________和________。

正确答案：关系模型 、网状模型

答案解析：数据库中最常见的数据模型有三种，即层次模型、关系模型和网状模型。若用图来表示，层次模型是一棵倒立树，网状模型是一个网络，关系模型则把所有数据都组织到表中。

3. 在数据库关系运算中，在关系中选择某些属性的操作称为________。

正确答案：投影

答案解析：投影是从指定关系的属性集合中选取若干个属性组成新的关系。

4. 在数据库中，一个属性的取值范围称为一个________。

正确答案：域

答案解析：一个属性的取值范围叫作一个域，如“性别”的域是男或女。

5. ________查询可以从一个或多个表中删除一组记录。

正确答案：删除

答案解析：删除查询可以从一个或多个表中删除一组记录，需要注意的是表中记录删除后将不能恢复。

四、判断题

1. 在任何时刻，只能打开一个数据库，每一个数据库中可以拥有众多的表。(　　)

A. 正确　　B. 错误

正确答案：A

答案解析：在任何时刻，只能打开并运行一个数据库。但是，在每一个数据库中，可以拥有众多的表、查询、窗体、报表、宏和模块。

2. 在关系数据库中，不可以修改“数字”与“文本”数据类型字段的大小。(　　)

A. 正确　　B. 错误

正确答案：B

答案解析："字段大小"属性适用于文本、数字或自动编号类型的字段。数据类型为文本的字段大小为 0～255 个字符，默认值是 255 个字符。数字型字段包括字节、整型、长整型、单精度型、双精度型等，各类型具体的取值范围和字节长度有所不同。自动编号型字段的字段大小属性可设置为"长整型"和"同步复制 ID"两种。

3. 数据表中的一列称为记录。（　　）

A. 正确　　　　B. 错误

正确答案：B

答案解析：数据表中的一列称为字段；一行称为记录。

4. 用来定义数据打印效果的是报表。（　　）

A. 正确　　　　B. 错误

正确答案：A

答案解析：利用报表可以对大量的原始数据进行综合整理，然后将数据分析结果打印成表。报表是以打印格式展示数据的一种有效方式。

5. 关系数据库中，不允许同一表中有相同的字段名。（　　）

A. 正确　　　　B. 错误

正确答案：A

答案解析：同一个表中不允许有重复的字段名，否则系统无法引用。

更多练习二维码

4.3　实训任务

选择一种数据库管理系统，为学校设计一个学生选课小型数据库应用系统，请自行设计数据表内字段。

第5章 字 处 理

5.1 知识点分析

字处理是信息化办公的重要组成部分，广泛应用于人们日常生活、学习和工作等方方面面。本章主要包括文档基本编辑、图片插入和编辑、表格插入和编辑、文档排版、邮件合并和插入目录等知识点。

字处理 1

5.1.1 典型字处理软件

1. WPS

WPS是由北京金山办公软件股份有限公司研发的一款办公软件套装，可以实现办公软件最常用的文字、表格、演示和PDF阅读等多种功能。

2. Office

Office系列是微软公司设计的办公软件，包括Word、Excel、PowerPoint和Access等。

字处理 2

5.1.2 字处理软件的主要功能和基本操作

下面简单介绍字处理办公软件的基本功能和操作。

1. 启动与退出

启动：单击“开始”菜单中的快捷方式、桌面快捷方式或打开已有的文档，都可以启动。

退出：单击标题栏右侧“关闭”按钮、选择“文件”→“关闭”命令（关闭文档窗口，不退出Word程序）、右击标题栏并选择“关闭”命令、按Alt+F4组合键都可以退出。

2. 创建与保存

文档创建：可创建空白文档，也可使用模板创建。

文档保存：快速工具栏“保存”按钮、按Ctrl+S组合键、选择“文件”→“保存”命令、选择“文件”→“另存为”命令或“自动保存”命令等方式，都可以实现保存文档的功能。

3. 文档视图

可以用不同的方法查看文档，这种查看方式称为视图。一些字处理软件中文档视图有五种类型：页面视图、阅读视图、Web版式视图、大纲视图和草稿视图。

4. 文档编辑

文档编辑基本操作有：文本输入（插入、改写状态切换）、文本选择（全选、选一行、选一段、选连续内容、选不连续内容、矩形区域选择）、特殊字符输入、文本的移动、文本的复制、文本的删除操作。

5. 查找与替换

在编辑文档的过程中，如果需要查找某个内容或将文档中的某个词替换成其他词，通过“查找与替换”功能，可以实现对一个或多个文档进行快速查找和替换。

6. 撤销与恢复

在编辑文档时，如果不小心删除了文本，可以撤销之前的操作，可以通过单击“快速访问”工具栏上“撤销”按钮，或者按 Ctrl+Z 组合键撤销之前操作；同样也可以通过单击“快速访问”工具栏上“恢复”按钮(“恢复”按钮仅在撤销操作后显示)，或者按 Ctrl+Y 组合键恢复之前操作。

7. 多窗口操作

如果需要同时对多个文件编辑，字处理软件提供多个窗口操作：单击“视图”选项卡→“窗口”组可实现多窗口操作。

5.1.3　窗口界面

某字处理软件窗口界面主要包括标题栏、功能区、文档编辑区、标尺和状态栏。各个功能区各主要选项卡如图 5-1～图 5-9 所示。

图 5-1　“开始”选项卡

图 5-2　“插入”选项卡

图 5-3　“绘图”选项卡

图 5-4　“设计”选项卡

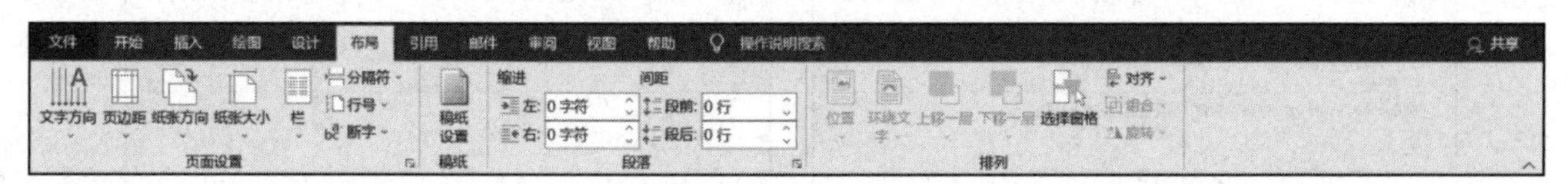

图 5-5　“布局”选项卡

图 5-6 “引用”选项卡

图 5-7 “邮件”选项卡

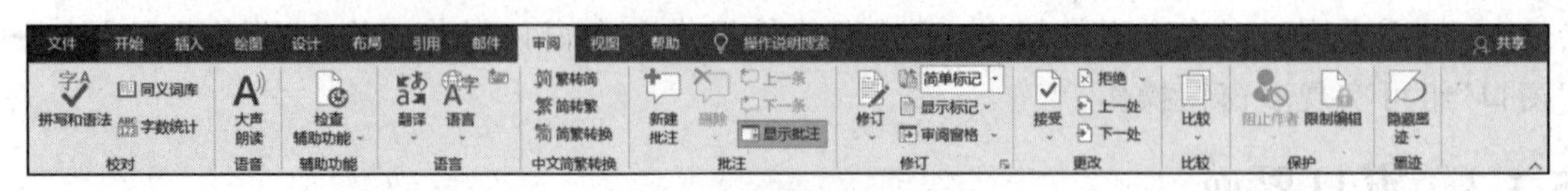

图 5-8 “审阅”选项卡

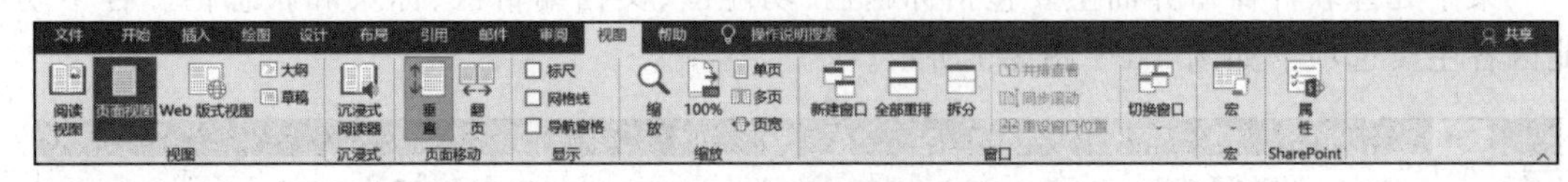

图 5-9 “视图”选项卡

5.1.4 文档格式化与排版

1. 字符格式

字符格式主要包括对输入文本进行字体、字形、字号、字体颜色、下画线线型和颜色、字体效果以及字符间距等。某字处理软件字符格式设置界面如图 5-10 所示。

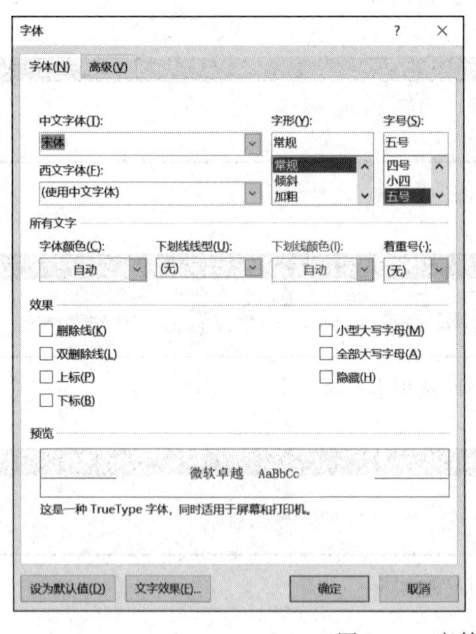

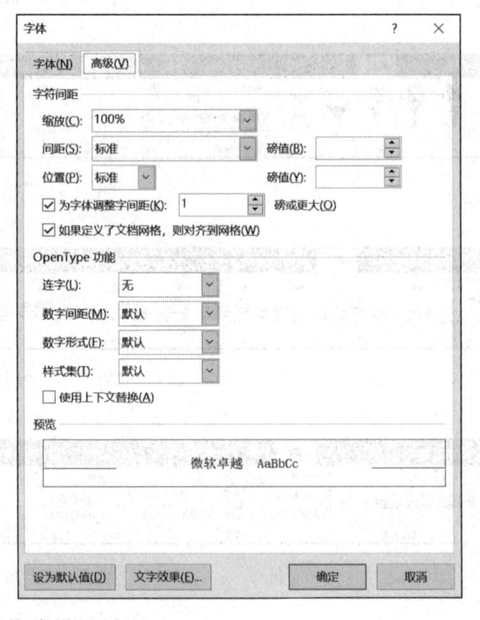

图 5-10 字符格式设置界面

2. 段落格式

常见段落格式设置主要包括对齐方式、段落缩进、行距和段间距等。某字处理软件段落格式设置界面如图 5-11 所示。

3. 项目符号、编号和多级列表

排版时,为了使文档中的段落便于阅读和理解,可以在段落前加上特殊的符号或数字,称为“项目符号和编号”。项目符号和编号位于“开始”选项卡“段落”组,有多种常用项目符合可选。

对于含有多个层次的段落,为了清晰地体现层次结构,可添加多级列表。多级列表同样位于“开始”选项卡“段落”组。

4. 分节、分页和分栏

分页符只是分页,前后还是同一节。分节符是分节,可以是在一页中不同节,也可以是不同页中同一节。分节符有四种类型,即下一页、连续、偶数页和奇数页,如图 5-12 所示。

图 5-11　段落格式设置界面

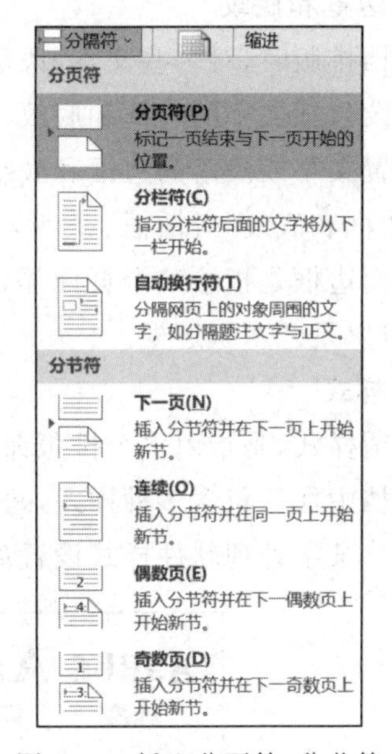

图 5-12　插入分页符、分节符

为了节约纸张,有时需要进行分栏排版,分栏也可使版面设计更为灵活生动。分栏位于“布局”选项卡“页面设置”组,如图 5-13 所示。

5. 页眉、页脚和页码

页眉和页脚是指在文档每个页面的顶端和底端出现的文字或图片等信息,通常用来显示文档的附加信息,如页码、日期、作者名称和章节名称等。

有时,一篇文档含有很多页,为了便于阅读和查找,需要给文档添加页码。在使用 Word 提供的页眉和页脚样式中,部分样式提供了添加页码的功能,即插入某些样式的页眉

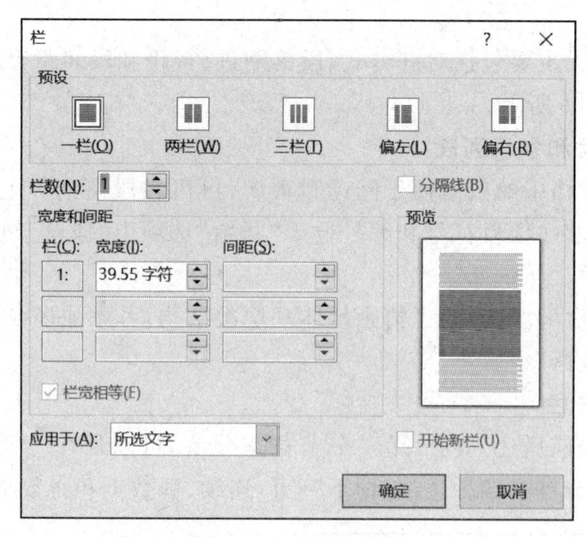

图 5-13 “栏”对话框

和页脚后,会自动添加页码。如果使用的样式没有自动添加页码,就需要手动添加页码。

6. 边框和底纹

文档排版时,对一些文本、段落等内容设置边框和底纹可以起到突出和强调的作用。边框和底纹包括文字的边框和底纹、段落的边框和底纹以及页面边框。

设置文字或段落的边框和底纹可以使用“字体”组或“段落”组的相应命令按钮,也可以使用“边框和底纹”对话框。

页面边框是指给整个页面添加边框,页面边框可以是普通边框,如同文字和段落的边框,也可以是艺术型边框。

7. 样式

所谓样式,是指由多个排版命令组合而成的集合,包括内置的样式和用户定义的样式。一篇文档中往往包含多种样式,每种样式都包含多种排版格式,如字体、段落、制表位和边距格式等。某字处理软件样式设置如图 5-14 所示。

图 5-14 “样式”组

8. 版面

版面设置主要包括页面设置、主题设置和添加封面。

1) 页面设置

页面设置主要包括设置页边距、纸张大小和纸张方向等。进行页面设置可以使用“布局”选项卡“页面设置”组的各命令按钮,也可以通过“页面设置”对话框,如图 5-15 所示。

2）主题设置

使用主题，用户可以快速改变文档的整体外观，主要包括字体、字体颜色和图形对象的效果。主题位于“设计”选项卡“文档格式”组，如图 5-16 所示。

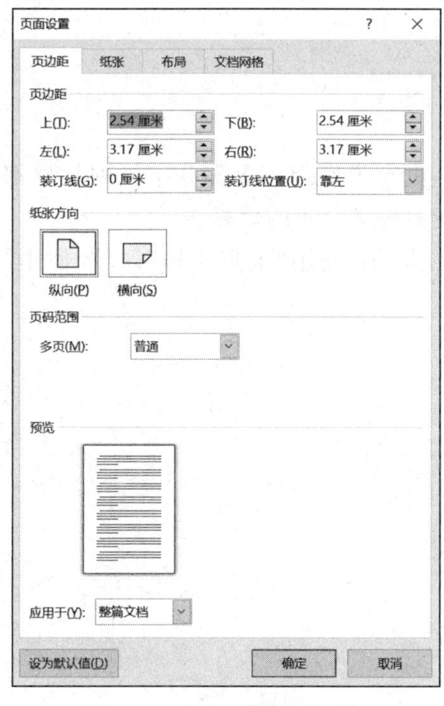

图 5-15　“页面设置”对话框

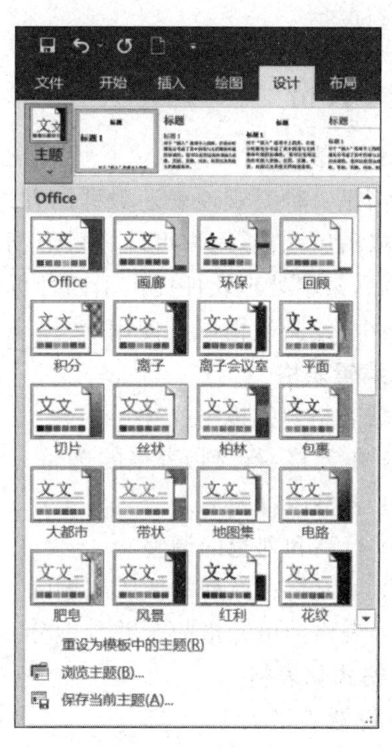

图 5-16　主题库

3）添加封面

添加封面可使文档更加完整。部分字处理软件提供了封面样式库，用户可直接使用，如图 5-17 所示。

图 5-17　封面样式库

9. 格式刷

格式刷是一种快速应用格式的工具,能够将一个对象的格式快速应用到其他对象,省去重复设置格式的烦琐操作。当需要对文档中的文本或段落设置相同的格式时,便可通过格式刷复制格式。

5.1.5 表格

1. 创建表格

表格是一种直观地表达数据的方式,比文字更有说服力。大部分字处理软件都具有强大的表格编辑功能,用户可以轻松地创建各种既美观又专业的表格。

例如,某字处理软件提供了四种创建表格的方法:使用“虚拟表格”区域、使用“插入表格”对话框、绘制表格以及使用“快速表格”命令。

2. 编辑表格

编辑表格包括以下操作。

(1) 单元格、行、列、表格的选择。

(2) 表格内容的输入。

(3) 行高和列宽的调整。

(4) 单元格、行、列的插入与删除。

(5) 表格和单元格的合并与拆分。

3. 格式化表格

1) 设置表格大小

在字处理软件中,可以对表格进行整体缩小或放大。

2) 设置单元格对齐方式

为了使表格中的数据更加整齐美观,单元格中数据的对齐方式的设置是必不可少的。表格中单元格内容的对齐方式有两种:水平对齐方式和垂直对齐方式。水平对齐方式包括左对齐、居中对齐和右对齐;垂直对齐方式包括上对齐、居中对齐和底端对齐。

3) 重复标题行

当表格的行数较多,占用多个页面时,为了方便浏览数据,通常在每一页的表格中都显示标题行,称为重复标题行。

4) 设置表格边框和底纹

为了使表格更加美观,还可以设置表格的边框或底纹。边框和底纹的设置可以通过功能区中的“边框”和“底纹”按钮设置,也可以通过“边框和底纹”对话框设置。

5) 套用表格样式

字处理软件提供了丰富的表格样式,利用这些样式可以快速地设置表格的格式。

4. 文字与表格的转换

在字处理软件中,表格和文本可以相互转换。

文字转换成表格位于“插入”选项卡“表格”组,表格转换成文字位于表格工具下“布局”选项卡“数据”组,如图 5-18 和图 5-19 所示。

5. 表格数据排序和计算

数据排序是按一定顺序将数据排列,以便研究者通过浏览数据发现一些明显的特征或

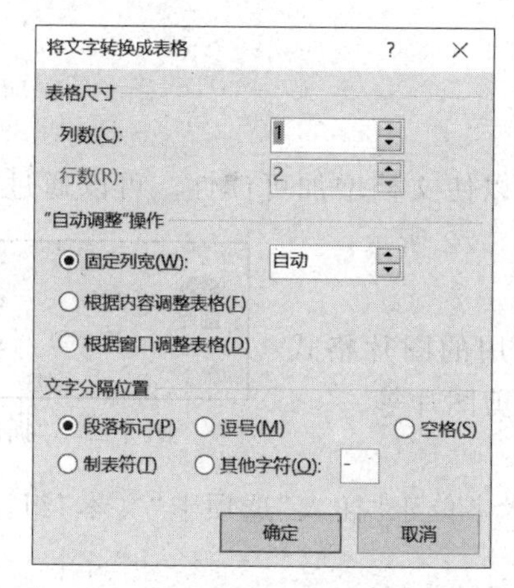

图 5-18　“将文字转换成表格”对话框

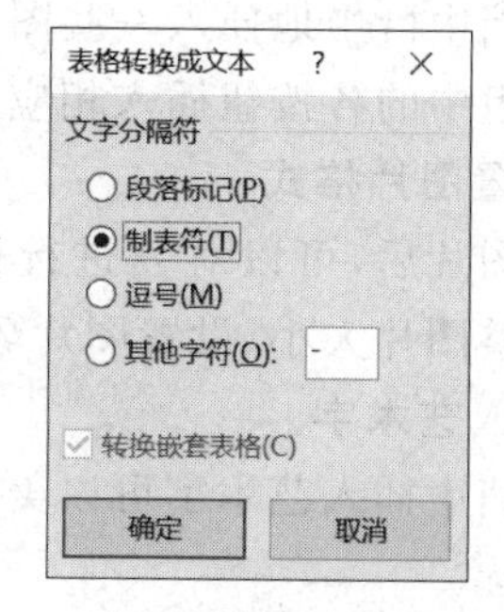

图 5-19　“表格转换成文本”对话框

趋势。表格数据排序位于“表格工具/布局”选项卡“数据”组，如图 5-20 所示。

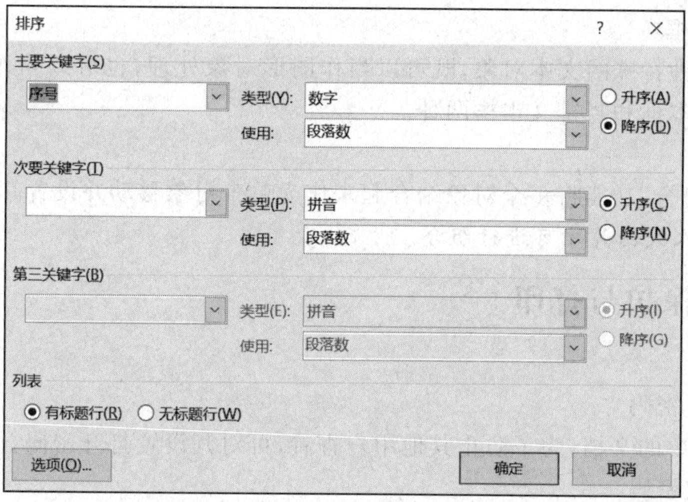

图 5-20　“排序”对话框

在字处理软件表格中可以利用公式进行数据计算，公式位于“表格工具/布局”选项卡“数据”组，如图 5-21 所示。

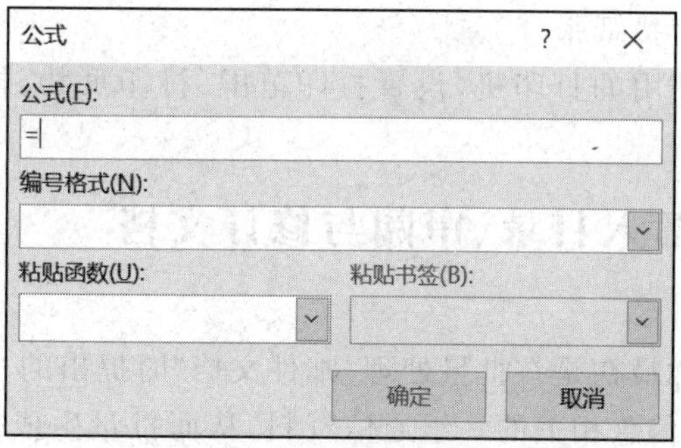

图 5-21　“公式”对话框

5.1.6 图文混排

1. 插入图片

在文档中恰当地插入一些图片和图形,可以使文档增加可读性。可以通过“插入”选项卡“插图”组中的各按钮插入相应的对象,如图 5-22 所示。

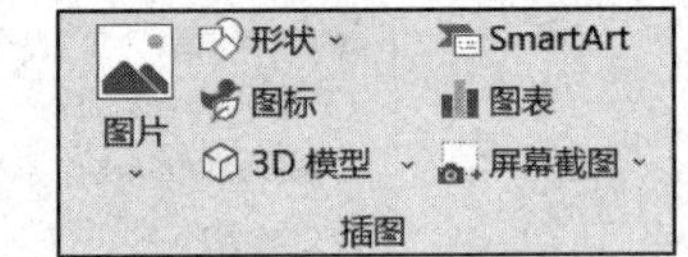

图 5-22 “插图”组

2. 设置图片格式

插入图片后,可以对其进行格式设置,常用的图片格式设置有调整图片大小、设置图片环绕方式和裁剪图片等。

3. 插入艺术字

在文档中插入艺术字可以美化文档。艺术字位于“插入”选项卡“文本”组,有多种艺术字样式可选。

4. 插入数学公式

在学术类文档的编辑过程中,经常要编辑公式,字处理软件提供了非常强大的公式编辑功能。

5. 插入文本框

文本框是一种特殊的文本对象,既可以当作图形对象处理,也可以当作文本对象处理。文本框有横排文本框和竖排文本框两种。

6. 组合对象

可以利用“组合”功能将多个对象结合起来作为单个对象移动并设置其格式。

注意:非嵌入式图片才可进行组合。

5.1.7 文档保护与打印

1. 文档保护

1)设置打开密码

对于非常重要的文档,为了防止其他用户查看,可对其设置打开密码。

2)设置修改密码

对于比较重要的文档,如果允许用户打开查看内容,但不允许修改,可对其设置修改密码。

2. 打印设置

打印文档之前可以使用“打印预览”预先浏览一下文档的打印效果,以避免打印出来后不满意而重新打印导致浪费纸张。

打印时可以选择要使用的打印机,设置打印范围、打印页数、打印方向、纸张大小和边距等。

5.1.8 邮件合并、插入目录、审阅与修订文档

1. 邮件合并

“邮件合并”这个名称最初是在批量处理“邮件文档”时提出的。在邮件文档(主文档)的固定内容中,合并与发送信息相关的一组通信资料,从而批量生成需要的邮件文档,因此能大大提高工作效率。

"邮件合并"功能除了可以批量处理信函、信封等与邮件相关的文档外，一样可以轻松地批量制作标签、工资条和成绩单等。

"邮件合并"三个基本过程：创建主文档→备好数据源→把数据源合并到主文档中。

2. 插入目录

可以通过插入目录来提供文档概述，目录会自动包括使用标题样式的文字。

插入目录后，若文档中的标题有改动(如更改了标题内容、添加了新标题等)，或者标题对应的页码发生变化，可对目录进行更新操作。

3. 审阅与修订文档

1）校对

字处理软件具有拼写和语法检查功能，用户在录入或编辑文档时，若系统认为有语法或拼写错误，会以不同颜色的波浪线作为提示：红色波浪线表示英文拼写有问题，绿色波浪线表示英文语法有问题。

2）批注

批注是文档审阅者与作者的沟通渠道，审阅者可将自己的见解以批注的形式插入文档中，供作者查看或参考。

3）修订

打开"修订"功能，可以保存文档初始时的内容，文档中每一处的修改都会显示在文档中。

5.2　典型题目分析

一、单选题

1. Word 2019 文档默认的扩展名是(　　)。

A. txt　　B. xlsx　　C. docx　　D. accdb

正确答案：C

答案解析：Word 2003 版及以前版本的文档扩展名是 doc，Word 2007 版及以后的版本的扩展名是 docx。文件扩展名也称为文件的后缀名，是操作系统用来标识文件类型的一种机制。

2. 在 Word 2019 的"开始"选项卡中，如果"剪切"和"复制"命令呈灰色，说明(　　)。

A. 剪贴板有内容，但不是 Word 能使用的内容

B. "剪切"和"复制"命令永远不能被使用

C. 只有执行了"粘贴"命令后，"剪切"命令才能被使用

D. 没有选择任何文档内容

正确答案：D

答案解析：如果"剪切"和"复制"命令呈灰色，说明没有选择任何文档内容。

3. 如果文档很长，那么用户可以用(　　)技术，同时在两个窗口中查看同一文档的不同部分。

A. 拆分窗口　　B. 滚动条　　C. 排列窗口　　D. 帮助

正确答案：A

答案解析：在进行 Word 文档编辑时，有时需要看着前边的内容编写后边的内容，但是一个屏幕毕竟是有限的，不能隔开很多行，这时可以使用拆分窗口功能。

“视图”选项卡内可以找到“拆分”功能，单击后，屏幕上会出现一条拆分线，拆分线可以进行上下移动，可以用鼠标选择线上或者线下的内容进行查看。

4. 如果设置了页眉和页脚，那么页眉和页脚只能在(　　)下看到。

A. Web 版式视图方式　　B. 页面视图或打印预览方式

C. 大纲视图方式　　D. 阅读视图方式

正确答案：B

答案解析：页面视图查看文档的打印外观，在页面视图中，可以直接看到文档的外观、图形、文字、页眉和页脚等在页面的位置，是最接近打印结果的视图。

5. 在文档中，若要添加一些符号，如数学符号、标点符号等，可通过(　　)选项卡来实现。

A. “开始”　　B. “插入”　　C. “视图”　　D. “页面布局”

正确答案：B

答案解析：“插入”选项卡可以插入页、表格、插图、链接、页眉和页脚、文本以及符号等。数学符号、标点符号都可以通过“插入”选项卡的“符号”组命令按钮实现。

二、多选题

1. 字体大小一般以(　　)和(　　)为单位。

A. 磅　　B. 英寸　　C. 像素　　D. 号

正确答案：AD

答案解析：Word 2019 对字体大小采用两种不同的度量单位，其中一种是以“号”为度量单位，另一种是以国际上通用的“磅”为度量单位。

2. 在 Word 2019 中，段落设置对话框包括(　　)。

A. 首行缩进　　B. 对齐方式　　C. 分栏　　D. 文字方向

正确答案：AB

答案解析：如图 5-23 所示，在“段落”对话框中所标识的矩形框处，可设置首行缩进和对齐方式。设置“分栏”和“文字方向”在“布局”选项卡“页面设置”组。

3. 下列选项中，属于缩进效果的是(　　)。

A. 两端缩进　　B. 分散缩进　　C. 左缩进　　D. 右缩进

正确答案：CD

答案解析：缩进效果有左缩进、右缩进、首行缩进和悬挂缩进。

4. 页面设置可以进行的设置包括(　　)。

A. 纸张大小　　B. 页边距　　C. 批注　　D. 字数统计

正确答案：AB

答案解析：批注和字数统计功能在“审阅”选项卡。

5. 使用“打印”命令可以打印(　　)。

A. 当前页　　B. 选定内容　　C. 整个文档　　D. 指定范围的内容

正确答案：ABCD

答案解析：如图 5-24 所示，在“文件”选项卡单击“打印”，在打印设置区可以选择“打印所有页”“打印选定区域”“打印当前页面”“自定义打印范围”。

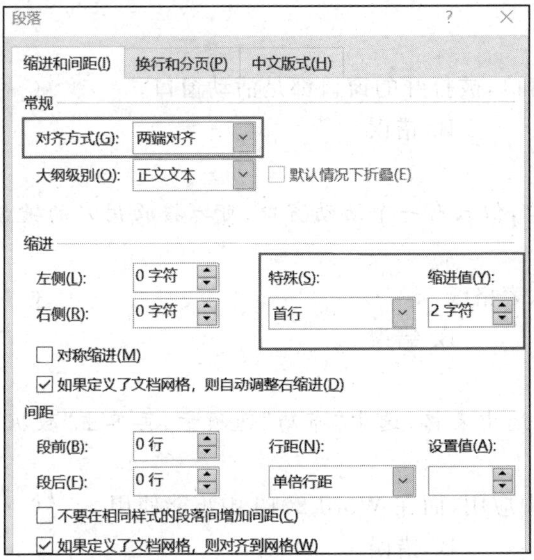

图 5-23 “段落”对话框

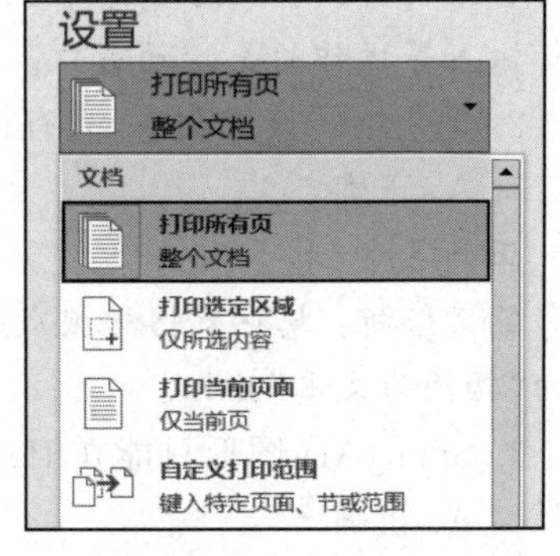

图 5-24 打印设置区

三、填空题

1. 在窗口中，________位于窗口底端，用于显示当前文档的页数/总页数、字数、输入语言以及输入状态等信息。

正确答案：状态栏

答案解析：状态栏位于窗口的底部，显示当前文档的当前页及总页数、字数、输入语言以及输入状态，状态栏右侧有视图切换按钮和显示比例调节工具，其中视图切换按钮用于选择文档的视图方式，显示比例调节工具用于调整文档的显示比例。

2. 选择垂直文本时，首先按住________键不放，然后按住鼠标左键拖出一块矩形区域。

正确答案：Alt

答案解析：将鼠标指针移动到所选区域的左上角，按住 Alt 键，拖动鼠标光标直到区域的右下角，释放鼠标后即可拖出一块矩形区域。

3. 使用邮件合并功能时，除需要主文档外，还需要已制作完成的________文件。

正确答案：数据源

答案解析：邮件合并需要两部分内容，一部分是主文档，即相同部分的内容；另一部分是数据源文件，即可变动内容，通过合并域实现不同内容进行信息合并。

4. 段落首行第 1 个字符的起始位置距离段落其他行左侧缩进量称为________。

正确答案：首行缩进

答案解析：缩进效果有左缩进、右缩进、首行缩进和悬挂缩进四种。首行缩进是指段首行第 1 个字符的起始位置距离段落其他行左侧的缩进量，大多数文档的首行缩进量为 2 字符。

5. 在 Word 2019 中插入分节符，应该选择“布局”选项卡，在________组中单击“分隔符”命令。

正确答案：页面设置

答案解析:“布局”选项卡下“页面设置”组包括文字方向、页边距、纸张方向、纸张大小、栏和分隔符等命令按钮。

四、判断题

1. 在窗口中,可以同时打开多个文档窗口,被打开的窗口都是活动窗口。 ( )

A. 正确 B. 错误

正确答案:B

答案解析:可以同时打开多个文档窗口,但只有一个活动窗口,可以接收用户的键盘和鼠标输入等操作的是活动窗口。

2. 把表格转换成文本,只有逐步地删除表格线。 ( )

A. 正确 B. 错误

正确答案:B

答案解析:想把表格转换成文本,可以选中表格,选中“布局”选项卡,再单击“数据”组中的“转换为文本”按钮。

3. SmartArt 图形只能在 PowerPoint 中应用,而在 Word 2019 中不能使用。 ( )

A. 正确 B. 错误

正确答案:B

答案解析:SmartArt 图形包括图形列表、流程图以及更为复杂的图形,如组织结构图。插入 SmartArt 图形,以直观的方式交流信息。

在“插入”选项卡“插图”组中选择 SmartArt 命令按钮,即可插入 SmartArt 图形。

4. 可以通过屏幕截图功能将计算机屏幕上显示的内容作为图片插入文档中。 ( )

A. 正确 B. 错误

正确答案:A

答案解析:“插入”选项卡的“插图”组有屏幕截图功能。

5. 要打印一篇文档的第 1、3、5、6、7 和 20 页,需要在打印对话框的页码范围文本框中输入 1-3,5-7,20。 ( )

A. 正确 B. 错误

正确答案:B

答案解析:连续的页码范围用“-”连接,不连续的页码用“,”连接。

更多练习二维码

5.3 实训任务

根据电子活页要求,对某标书进行排版。

第 6 章　电子表格处理

6.1　知识点分析

电子表格处理是信息化办公的重要组成部分，在数据分析和处理中发挥着重要作用，广泛应用于财务、管理、统计和金融等领域。本章主要包含工作表和工作簿操作、公式和函数的使用、图表分析展示数据以及数据处理等知识点。

6.1.1　电子表格

电子表格 1

1. 表处理软件

表处理软件是办公自动化软件中的重要成员，能够方便地制作出各种电子表格，使用公式和函数对数据进行复杂的运算；并且方便用户产生各种图表来表示数据，使数据更加直观明了；利用超级链接功能，用户可以快速打开局域网或 Internet 上的文件，与世界上任何位置的互联网用户共享工作簿文件。

2. 应用场景

1）会计专用

电子表格 2

可以在众多财务会计表（如现金流量表、收入表或损益表等）中使用表处理软件强大的计算功能。

2）预算

可以在表处理软件中创建任何类型的预算，如市场预算计划、活动预算或退休预算。

3）账单和销售

表处理软件还可以用于管理账单和销售数据，可以轻松创建所需表单，如销售发票、装箱单或采购订单。

4）报表

可以在表处理软件中创建各种可反映数据分析或汇总数据的报表，如用于评估项目绩效、显示计划结果与实际结果之间的差异报表或预测报表。

5）计划

表处理软件是用于创建专业计划或有用计划程序（如每周课程计划、市场研究计划或年底税收计划，或者有助于你安排每周膳食、聚会或假期）的理想工具。

6）跟踪

可以使用表处理软件跟踪时间表或列表（如用于跟踪工作的时间表或用于跟踪设备的库存列表）中的数据。

7）使用日历

由于表处理软件工作区类似于网格，因此它非常适用于创建任何类型的日历，如用于跟踪学年内活动教学日程表或用于跟踪公司活动和里程碑的财政年度日历。

3. 操作界面

大部分表处理软件启动后窗口主要包括标题栏、选项卡、选项组和状态栏等，如图 6-1 所示。

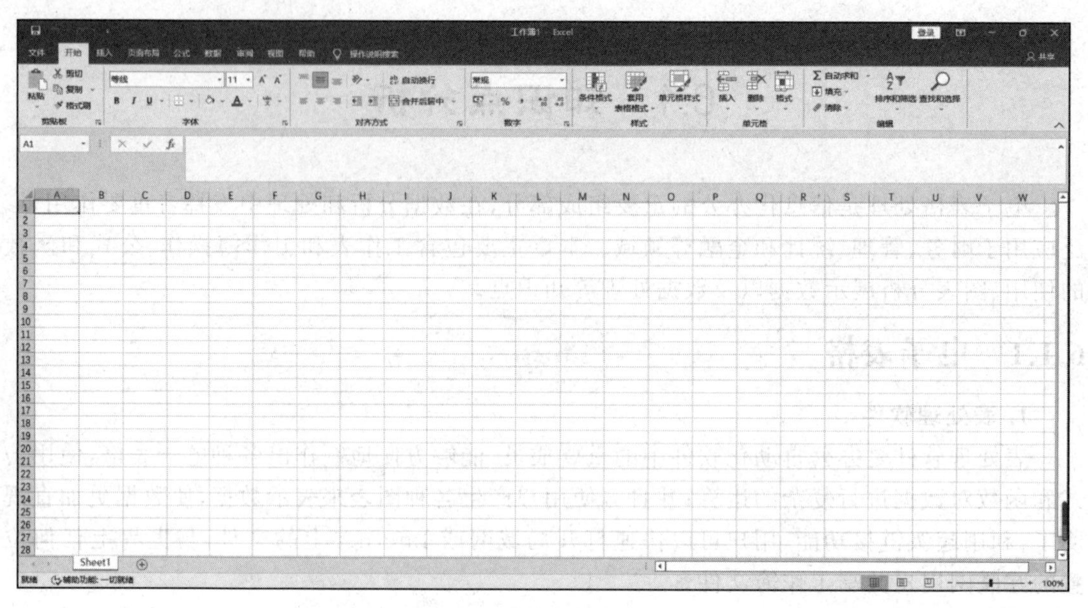

图 6-1　表处理软件窗口

6.1.2　工作簿和工作表

1. 工作簿

工作簿就是表处理软件文件，工作簿是存储数据以及进行数据运算和数据格式化等操作的文件。在表处理软件中处理的各种数据文件都以工作簿形式存储在磁盘上，文件名就是工作簿名。

2. 工作表

在表处理软件程序界面下方可以看到工作表标签，默认的名称为 Sheet1、Sheet2、Sheet3。

工作表(Sheet)是一个行、列交叉排列的二维表格。纵向为列，一般用字母表示；横向为行，用数字表示，称作行号。每行列交叉部分称为单元格，是工作表最基本数据单元，也是电子表格软件处理数据最小单位。单元格名称用列标和行号来标识，如 A1。

单元格区域是由多个相邻单元格形成的矩形区域，表示方法由该区域左上角单元格地址、冒号、右下角单元格地址组成，如 A1:D3。

一个工作簿包含多个工作表，根据需要可以对工作表进行添加、删除、复制、切换、隐藏和重命名等操作。

6.1.3 数据录入

创建一个工作表,首先要向单元格中输入数据。工作表能够接受的数据类型可以分为文本(或称字符、文字)、数字(值)、日期和时间、公式与函数等。

在数据的输入过程中,系统自行判断所输入的数据是哪一种类型并进行适当的处理。在输入数据时,必须按照一定的规则进行。

1. 单元格输入、编辑

数据输入有以下几种方式。

(1) 单击选择需要输入数据单元格,直接输入。

(2) 单击单元格→编辑栏,输入数据。

(3) 双击单元格,在单元格内出现插入光标,输入数据。

要同时在多个单元格中输入相同的数据,可先选定相应的单元格,输入数据,按 Ctrl+Enter 组合键,即可向这些单元格同时输入相同的内容。

2. 文本输入

文本可以是字母、汉字、数字、空格和其他字符,也可以是它们的组合。默认情况下,文本左对齐。

注意: 把数字作为文本输入时,应先输入一个半角字符单引号,再输入相应字符,如身份证号码录入。

3. 数字输入

数字默认右对齐。数字和非数字的组合作为文本型数据输入时左对齐。

(1) 输入分数时,应先输入 0 及一个空格,如果直接输入则为日期型。

(2) 输入负数,应在负数前输入负号,或将其置于括号中。

(3) 数字间可以用千分位号隔开。

(4) 在"常规"格式键入数字时,默认数字格式,超过 11 位用科学计数法表示。

(5) 一般情况下保留 15 位数字精度,超过 15 位时后面用 0 表示。

4. 日期和时间型数据及其输入

日期和时间默认右对齐。

(1) 一般情况下,日期分隔使用"/"或"-"。

(2) 只输入月和日,取计算机内部时钟的年份作为默认值。

(3) 时间分隔一般使用冒号":"。

(4) 要输入当天日期则按 Ctrl+";"组合键实现;要输入当前时间则按 Ctrl+Shift+";"组合键。

(5) 在单元格中既输入日期又输入时间,则中间用空格隔开。

5. 自动填充数据

大部分表处理软件有自动填充功能,可以自动填充一些有规律的数据,如填充相同数据,填充数据的等比序列、等差序列和日期时间序列等,还可以输入自定义序列。

1) 填充柄

填充柄是表处理软件中提供的快速填充单元格内容的工具。填充柄有序列填充、复制的功能。

2）"序列"对话框

初始数据不同，自动填充选项列表的内容也不尽相同。对于一些有规律的数据，如等差、等比序列以及日期数据序列等，可以利用"序列"对话框进行填充。

3）自定义填充序列

将一些没有规律且需要经常输入的数据定义为序列，在输入时可以减少很多工作量。

6.1.4　公式和函数

表处理软件强大的计算功能主要依赖公式和函数，利用公式和函数可以对表格中的数据进行各种计算和处理操作，从而提高在制作复杂表格时的工作效率及计算准确率。而且当数据有变动时，公式计算的结果还会立即更新。

1. 地址的引用

引用的作用是通过标识工作表中的单元格或单元格区域，来指明公式中所使用数据的位置。

1）相对引用

表处理软件中默认的单元格引用为相对引用，如 A1、B1 等。相对引用是指当公式在复制时会根据移动的位置自动调节公式中引用单元格的地址。

2）绝对引用

与相对引用比较，绝对引用是行号和列标前加了符号"＄"。绝对引用的单元格将不随公式位置的变化而改变。

3）混合引用

混合引用是指单元格地址的行号或列号前加上"＄"符号，如＄B1 或 B＄1。当公式单元格因为复制而引起行列变化时，公式的相对地址部分会随位置变化，而绝对地址部分不变化。

4）工作表外单元格的引用

在工作表中，不但可以引用同一工作表中的单元格，还能引用不同工作表中的单元格及不同工作簿中的单元格，引用格式如下：

[工作簿名]＋工作表名！＋单元格引用

2. 公式

公式是工作表中用于对单元格数据进行各种运算的等式，它必须以等号"＝"开头。一个完整的公式通常由运算符和操作数组成。

表处理软件中可以通过运算符来实现快速运算，包括算术运算符、关系运算符、文本运算符和引用运算符。

(1) 算术运算符的作用是完成基本的数学运算，并产生数字结果。常见的有＋、－、*、/、%、^。

(2) 关系运算符的作用是可以比较两个值，结果为一个逻辑值，不是 TRUE(真)，就是 FALSE(假)。常见的有＞、＜、＝、＞＝、＜＝、＜＞。

(3) 文本运算符"&"(与号)可将两个或多个文本值串起来产生一个连续的文本值。

(4) 引用运算符可以将单元格区域进行合并计算。常见有：、，和空格。

公式中运算符运算优先级从高到低为：引用运算符、算术运算符、文本运算符、关系运算符。

对于优先级相同的运算符，则从左到右进行计算。如果要修改计算顺序，则应把公式中需要首先计算的部分括在圆括号“()”内。

公式可以进行移动或者复制。

3. 函数

函数可以看作预先建立好的公式，它完成特定功能，如求和、求平均值、求最大值、求最小值和统计数量等。用户只需选择适合的函数并指定参数，即可通过函数计算出结果。

函数由函数名和参数组成。函数名代表了函数用途。参数可以是数字、文本、逻辑值、数组、错误值或单元格引用，也可以是常量、公式或其他函数。

使用函数可以手动输入函数或者使用“插入函数”对话框。

4. 常用函数

(1) SUM 函数。

功能：返回单元格区域中所有数值的和。

格式如下：

```
SUM(number1, number2, ...)
```

(2) AVERAGE 函数。

功能：返回单元格区域中所有数值的平均值。

格式如下：

```
AVERAGE(number1, number2, ...)
```

(3) MAX 函数。

功能：返回单元格区域中所有数值的最大值。

格式如下：

```
MAX(number1, number2, ...)
```

(4) MIN 函数。

功能：返回单元格区域中所有数值的最小值。

格式如下：

```
MIN(number1, number2, ...)
```

(5) COUNT、COUNTA 函数。

功能：计算参数中包含数字(非空)的单元格个数。

格式如下：

```
COUNT/COUNTA(value1, value2, ...)
```

6.1.5 使用图表

1. 图表

数据图表是将单元格中数据以各种统计图表形式显示，使得数据更直观。当工作表中数据发生变化时，图表中对应数据也自动变化。

1）图表类型

大部分表处理软件提供了多种图表类型，包括柱形图、折线图、饼图、条形图、面积图和XY散点图等。

2）图表元素

在表处理软件中，图表是由多个部分组成的，这些组成部分被称为图表元素。

一个完整的图表大致由图表标题、图表区、绘图区、图例、数据系列、数据标签、坐标轴和网格线等元素构成。

3）图表形式

图表有两种形式，即嵌入式图表和图表工作表(独立式图表)。

嵌入式图表与工作表的数据在一起，或者与其他的嵌入式图表在一起。图表工作表是特定的工作表，只包含单独的图表。

2. 创建图表

可以使用“插入”功能区“图表”组中的命令按钮、通过“插入图表”对话框以及按 F11 键创建图表。

3. 编辑图表

在最初创建的图表中，通常只有横纵坐标轴、数据系列和图例项，还有很多图表元素未显示，如果需要，可以将其添加到图表中，还可以对图表中元素进行修改。

4. 删除图表

若要删除图表，选择图表后，按 Delete 键或 Backspace 键即可删除图表。

5. 格式化图表

图表的格式主要包括对标题、图例等项进行字体、字形、字号、图案和对齐方式等的设置以及对坐标轴格式的重新设置。

6.1.6 格式化工作表

1. 数字格式

在表中，数据有各种各样的格式，我们可以通过设定单元格的数字格式，从而得到我们需要的结果。常见的数字格式有数值格式、百分比格式、分数格式和文本格式等，用户也可自定义数字格式。某表处理软件数字格式设置如图 6-2 所示，用户可以在“开始”功能区或“设置单元格格式”对话框中进行设置。

2. 对齐

单元格对齐方式包括左对齐、居中、右对齐、顶端对齐、垂直居中、底端对齐等多种方式，用户可在“设置单元格格式”对话框中，切换到“对齐”选项卡进行设置。其中，“水平对齐”方式包括“常规”“靠左(缩进)”“居中”“靠右(缩进)”“填充”“两端对齐”“跨列居中”和“分散对齐”八种方式；“垂直对齐”方式包括“靠上”“居中”“靠下”“两端对齐”和“分散对齐”五种方式。

3. 边框

用户可以为选中的单元格区域设置各种类型的边框。在“设置单元格格式”对话框中，切换到“边框”选项卡即可进行设置。

4. 行高和列宽

在编辑表格时，经常要根据单元格中字体的高度或内容的长度调整行高或列宽。

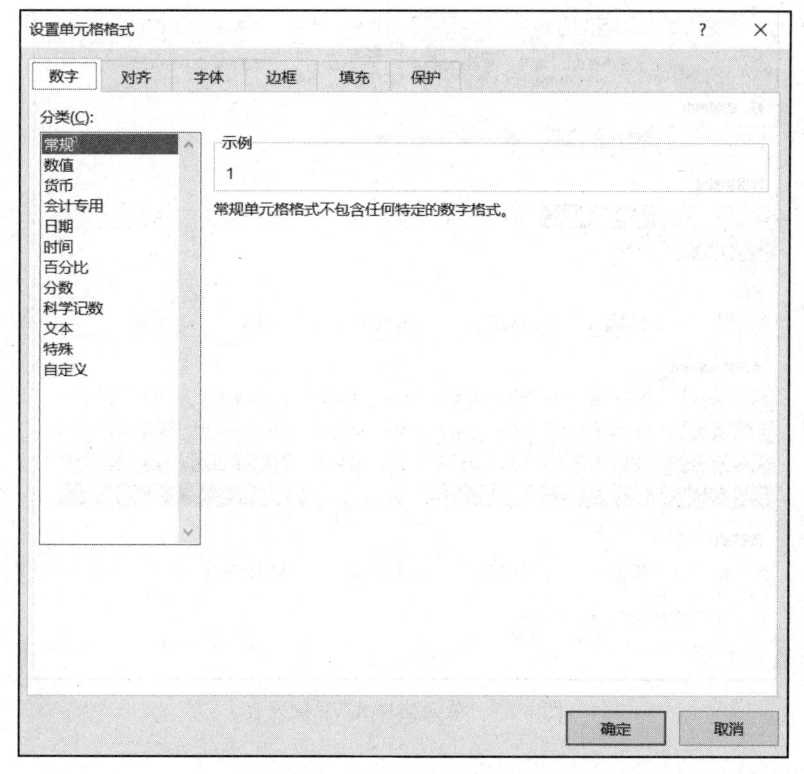

图 6-2 设置单元格格式

1）粗略调整

在对行高度和列宽度要求不十分精确时，可以利用鼠标拖动来进行粗略的调整。

2）精确设置

利用“行高”对话框或“列宽”对话框可以精确地调整行高或列宽。

3）自动调整

在编辑表格时，可以设置根据单元格中字体的高度或内容的长度自动调整行高或列宽。

4）使用“选择性粘贴”调整列宽

如果想设置某一列的列宽与另一列的列宽相同，还可以“复制”列宽进行选择性粘贴，但是不能使用“选择性粘贴”调整行高。

5. 条件格式

条件格式是指在单元格区域上设置“条件”和“格式”，使得满足“条件”的单元格自动应用设置的“格式”。

6. 单元格样式

如果想快速格式化单元格，可以直接应用“单元格样式”进行单元格格式的设置。单元格样式位于“开始”功能区“样式”组。某表处理软件提供了多种单元格样式，如图 6-3 所示。

7. 表格格式

表处理软件提供了多种专业性的报表格式供用户选择，直接套用到选择的单元格区域。通过“套用表格格式”，可以对表格起到快速美化的效果，如图 6-4 所示。

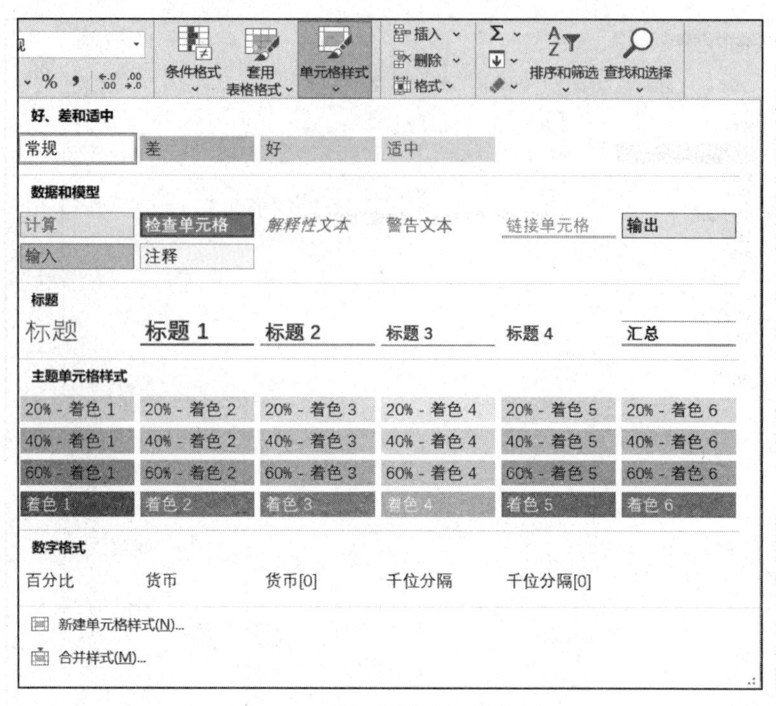

图 6-3 “单元格样式”下拉列表

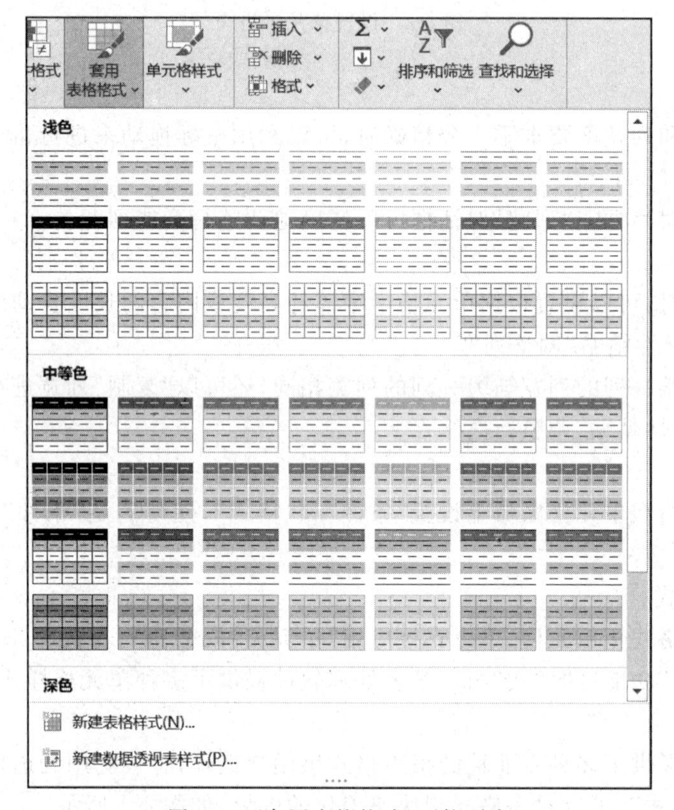

图 6-4 “套用表格格式”下拉列表

6.1.7 数据处理

1. 数据清单

具有二维表特性的电子表格在表处理软件中被称为数据清单，数据清单类似于数据库表，可以像数据库表一样使用，其中行表示记录，列表示字段。

数据清单具有以下特点。

(1) 数据清单的第一行必须为文本类型，为列标题，也称为字段名。

(2) 第一行的下面是连续的数据区域，每一列包含相同类型的数据。

(3) 除第一行之外的其他各行是描述一个人或事物的相关信息的，称为一条记录。

数据清单既可以按照一般工作表的方法进行编辑，也可以通过"记录单"命令进行增加、删除、修改、查找和浏览数据。

2. 排序

表处理软件提供了多种对工作表中的数据进行排序的方法，排序是根据字段进行的，如果只根据一个字段排序，该字段称为主要关键字，如果排序的字段还有第二个、第三个……均称为次要关键字。

用户可以利用"升序"或"降序"按钮按单个关键字排序，也可以利用"排序"对话框将数据表格按多个关键字段进行排序，即先按某一个关键字进行排序，然后将此关键字相同的记录再按第二个关键字进行排序，以此类推。

3. 筛选

在 Excel 数据清单中，可以通过"筛选"功能将某些记录暂时隐藏起来，只显示满足某些条件的数据，以方便用户查看数据。

1) 自动筛选

自动筛选是根据数据表中某个或多个字段值或填充颜色进行筛选。当多个字段设置了筛选条件时，表示显示同时满足这些条件的记录。

2) 高级筛选

高级筛选是依据多个字段进行复杂筛选，筛选条件或条件区域放在数据区域之外，条件区域与数据区域至少要留一个空行或空列。高级筛选可以将符合条件的数据复制或抽取到另一个工作表或当前工作表的其他空白位置上。

4. 分类汇总

分类汇总是把数据清单中的数据分门类地进行统计处理。在分类汇总中，可以进行的计算有求和、求平均值、求最大值和求最小值等。

注意： 数据清单中必须包含带有标题的列，并且分类汇总之前必须进行排序。

5. 数据有效性

数据有效性是对单元格或单元格区域输入数据从内容到数量上的限制。对于符合条件的数据，允许输入；对于不符合条件的数据，则禁止输入。这样就可以依靠系统检查数据的正确有效性，避免录入错误的数据。

6. 数据透视表和数据透视图

数据透视表功能能够依次完成筛选、排序和分类汇总等操作，并生成汇总表格。可以对数据进行查询、汇总、动态查看和突出显示等操作，还具有行和列的交互查看以及提供多功能报表等功能。而与数据透视表相关联的数据可视化的功能便是数据透视图,具有灵活的数据查询功能,是表处理软件中最为直接的交互式图表。

6.1.8 打印

工作表编辑完成后,经常需要打印。在打印之前,通常还需对页面进行一些设置,如设置页边距、分页、纸张大小和方向、打印比例以及页眉和页脚等。设置完成后,应使用“打印预览”功能预览一下打印效果,如果有不满意的地方,在打印前可以对工作表继续调整,以便实现最佳的打印效果。

1. 页面设置

表处理软件工作表的页面设置包括设置 Excel 打印纸张大小、页边距、打印方向、页眉和页脚、是否打印标题行等,如图 6-5 所示。

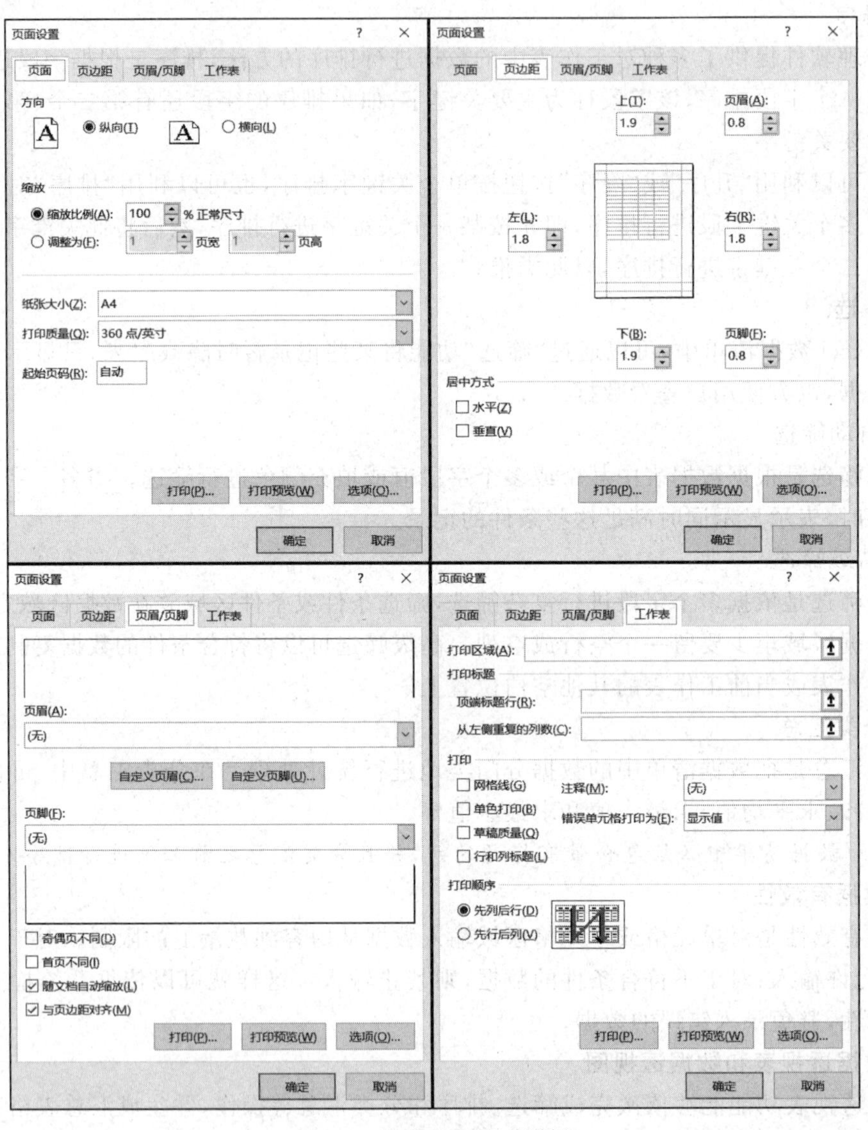

图 6-5 “页面设置”对话框

1）“页面”选项卡

可以设置纸张方向、缩放比例、纸张大小、打印质量和起始页码。

2）“页边距”选项卡

可以设置页面四个边距的距离、页眉和页脚的上下边距等。

3）“页眉/页脚”选项卡

可以自定义页眉和页脚。

4）“工作表”选项卡

可以设置打印区域、打印标题以及行号和列标。

2. 分页符

在打印时，有时候需要在某个行或列处强行分页，大部分表处理软件提供了分页功能。

若要插入水平分页符，需要选定要插入分页符位置的下一行；若要插入垂直分页符，选定要插入分页符位置的右侧列；若要同时插入水平、垂直分页符，需要选定某单元格。

插入分页符后，如果需要调整分页符的位置，可以在“分页预览”视图中，利用鼠标拖动分页符，以调整其位置。用户若对分页效果不满意，还可以将手动分页符删除。

3. 打印工作表

单击选中“文件”选项卡，选择“打印”命令，会显示打印预览。

用户还可以单击选中“视图”选项卡，在“工作簿视图”组中单击“页面布局”视图，通过“页面布局”视图功能，可以在查看工作表打印效果的同时对其进行编辑。

用户预览无误后，在打印预览界面中间窗格的“份数”编辑框中输入要打印的份数；在“打印机”下拉列表中选择要使用的打印机；在“设置”下拉列表框中选择要打印的内容；在“页数”编辑框中输入打印范围，然后单击“打印”按钮进行打印。

6.2 典型题目分析

一、单选题

1. 在表处理软件中，工作簿指的是（　　）。

A. 当前的操作区域　　B. 一种记录方式

C. 整个文档　　D. 当前的整个工作表

正确答案：C

答案解析：一个工作簿就是一个文件。工作表是不能单独存盘的，只有工作簿才能以文件的形式存盘。

2. 在表处理软件中，若要在指定单元格中输入并显示分数 3/4，正确的输入方法是（　　）。

A. ＃314　　B. 0 3/4（0 与 3 之间有一个空格）

C. 3/4　　D. 0.75

正确答案：B

答案解析：如果要在单元格中输入分数，应先输入 0 和一个空格，然后输入分数值。

3. 表处理软件中,若单元格中的数字超过11位时,将会(　　)。

A. 自动扩大列宽　　B. 显示为#####

C. 显示错误值#VALUE!　　D. 以科学计数法形式显示

正确答案:D

答案解析:表处理软件中,如果输入的数值型数据长度超出11位时,则自动以科学计数法来显示该数字。一般用户主动把列宽调窄时,会出现#####。

4. 在表处理软件中,如果想限制单元格只允许输入一定大范围内数值,可以选择(　　)选项卡的"数据工具"组,单击其中的"数据验证"命令。

A. 开始　　B. 审阅　　C. 公式　　D. 数据

正确答案:D

答案解析:数据有效性是Excel的一种功能,用于定义可以在单元格中输入或应该在单元格中输入哪些数据,以避免一些输入错误。

5. 在表处理软件中,求A3至A10的和的表达式为(　　)。

A. =SUM(A3:A10)　　B. SUM(A3:A10)

C. =SUM(A3-A10)　　D. SUM(A3,A10)

正确答案:A

答案解析:表处理软件中输入公式时,首先要输入"="。A3至A10的单元格区域应表示为A3:A10。

二、多选题

1. 下列叙述错误的是(　　)。

A. 删除工作表后,可以撤销删除操作

B. 在工作表标签上右击,在弹出的快捷菜单中选择"隐藏"命令可以使工作表不可见

C. 可以通过快速访问工具栏上的撤销按钮来撤销对工作表的隐藏操作

D. 右击工作表标签,选择"取消隐藏"命令,会弹出"取消隐藏"对话框

正确答案:AC

答案解析:插入、移动、复制、删除、重命名、隐藏工作表的操作都不能撤销。对工作表中行、列和单元格的操作用户可以撤销。

2. 关于重命名工作表,正确的操作是(　　)。

A. 右击要重命名的工作表标签,在弹出的快捷菜单中选择"重命名"命令

B. 单击选中要重命名的工作表标签,按F2键,输入新名称

C. 单击选中要重命名的工作表标签,在名称框中输入新名称

D. 双击相应的工作表标签,输入新名称

正确答案:AD

答案解析:按F2键常用来给文件或文件夹重命名,而不能重命名工作表,故B项是错误的。若修改单元格中的内容,可以选中单元格后按F2键,单元格内出现光标,移动光标到所需位置,即可对单元格中的内容进行编辑和修改。利用名称框可以给单元格或单元格区域命名,故C项是错误的。

3. 下列说法正确的是(　　)。

A. “删除”命令属于“开始”选项卡的“单元格”命令组

B. “编辑”命令组中包含清除、填充和排序等命令

C. “关闭”命令属于“开始”选项卡

D. “视图”选项卡中可以新建批注

正确答案：AB

答案解析：“关闭”命令属于“文件”选项卡，而新建批注则利用的“审阅”选项卡。

4. 下列操作正确的是(　　)。

A. 在“开始”选项卡中，可以使用剪贴板操作

B. 在“开始”选项卡中，可以设置对齐方式

C. 在“数据”选项卡中，可以实现分类汇总

D. 在“视图”选项卡中，可以实现拼写检查功能

正确答案：ABC

答案解析：利用“审阅”选项卡“校对”组中“拼写检查”命令按钮，可以实现拼写检查功能。

5. 有关打印的下列说法，正确的是(　　)。

A. 可以设置打印份数

B. 单击“文件”选项卡下的“打印”时，页面右侧同步显示打印预览效果

C. 无法调整打印方向

D. 可进行页面设置

正确答案：ABD

答案解析：用户在打印预览时可以调整打印方向，还可以利用“页面布局”选项卡“页面设置”组的命令按钮或“页面设置”对话框设置。

三、填空题

1. 一个单元格含有多种特性，如内容、格式、批注等，可以使用________复制它的部分特性。

正确答案：选择性粘贴

答案解析：进行复制时，可以利用选择性粘贴只复制单元格中的内容，而忽略其中的格式、批注等。

2. 单元格中出现了“＃REF!”标记，说明单元格________。

正确答案：引用无效

答案解析：例如，在A1单元格中输入2，C6单元格中输入公式“＝A1/1”后按Enter键，则单元格中显示2。若将A1单元格删除，则C6单元格中显示＃REF!。

3. 单元格F1中的公式为“＝AVERAGE(C2:E2)”，则F1的结果为单元格C2到E2区域的________。

正确答案：平均值

答案解析：AVERAGE函数用来求参数算术平均值。

4. 如果要同时在多个单元格中输入相同的数据，可先选定相应的单元格，然后输入数据，按________键，即可向这些单元格同时输入相同的数据。

正确答案：Ctrl+Enter

答案解析：如果要同时在多个单元格中输入相同的数据，可先选定相应的单元格，在活动单元格中输入数据后，按 Ctrl+Enter 组合键，即可向选中的所有单元格同时输入相同的数据。需要注意的是，Ctrl+Enter 组合键在 Word 中的作用则是插入人工分页符。

5. 在表处理软件工作表单元格中输入公式时，B$3 的单元格引用方式称为________。

正确答案：混合地址引用

答案解析：混合引用是指单元格或单元格区域的地址部分是相对引用，部分是绝对引用。

四、判断题

1. 单元格区域是默认的，不能重新命名。 (　　)

A. 正确　　　　B. 错误

正确答案：B

答案解析：用户可以对一个单元格或多个单元格组成的单元格区域(包括连续的和不连续的)进行自定义名称。单元格或单元格区域名称的定义和管理可通过"公式"选项卡中的"定义的名称"组来实现，也可以通过名称框定义名称。

2. 进行自动填充时，若初值为纯数字型数据，按住 Ctrl 键，左键拖动填充柄，填充自动增 1 的序列。 (　　)

A. 正确　　　　B. 错误

正确答案：A

答案解析：若初值为纯数字型数据，左键向下拖动填充柄时，在相应单元格中填充相同数据；按住 Ctrl 键，左键向下拖动填充柄，填充自动增 1 的序列。

3. 数据删除和清除是两个不同的概念。 (　　)

A. 正确　　　　B. 错误

正确答案：A

答案解析：数据清除是指清除单元格格式、单元格中的内容及格式、批注、超链接等，单元格本身并不受影响。数据删除的对象是单元格、行或列，即单元格、行或列的删除。删除后，选定的单元格、行或列连同里面的数据都从工作表中消失。

4. 无法对工作表进行剪切操作。 (　　)

A. 正确　　　　B. 错误

正确答案：A

答案解析：用户可以利用"移动或复制工作表"对话框或鼠标拖动的方法来移动工作表，但是不能利用"剪切""粘贴"的方法移动工作表。

5. 使用升序、降序按钮进行排序操作时，活动单元格应选定排序依据数据列的任一单元格。 (　　)

A. 正确　　　　B. 错误

正确答案：A

答案解析：需要注意使用升序、降序按钮进行排序操作时，只需选中数据清单中排序依据数据列的任一单元格，而不是选中欲排序的整列。

更多练习二维码

6.3　实训任务

小李的弟弟请他帮忙给自己的班级制作一个成绩分析表，请根据电子活页要求，完成分数的统计和分析，以及表格的排版和美化。

第 7 章 演示文稿制作

7.1 知识点分析

演示文稿制作是信息化办公重要的组成部分。借助演示文稿制作工具，可快速制作出图文并茂、富有感染力的演示文稿，并且可通过图片、视频和动画等多媒体形式展现复杂内容，从而使表达的内容更容易理解。本章主要包含演示文稿制作、动画设计、外观设计、演示文稿放映和导出等知识点。

7.1.1 演示文稿软件简介

演示文稿 1

常见的演示文稿软件方便用户演示图文、音视频信息。用户可以在投影仪或者计算机上进行演示，也可以将演示文稿打印出来，制作成胶片，以便应用到更广泛的领域。不仅可以创建演示文稿，还可以在面对面会议、远程会议或网络直播中展示演示文稿。演示文稿软件制作出来的文件称为演示文稿，其格式后缀名通常为.ppt、.pptx；或者也可以保存为 pdf、图片格式等。当前的演示文稿可保存为视频格式，进行连续自动演示。演示文稿中的每一页就叫幻灯片，每张幻灯片都是演示文稿中既相互独立又相互联系的内容。

7.1.2 窗口界面

演示文稿 2

大部分演示文稿软件窗口界面主要包括标题栏、功能区、状态栏和演示文稿区域。某演示文稿软件各个功能区各主要选项卡如图 7-1～图 7-8 所示。

图 7-1 “开始”选项卡

图 7-2 “插入”选项卡

图 7-3 “设计”选项卡

图 7-4　“切换”选项卡

图 7-5　“动画”选项卡

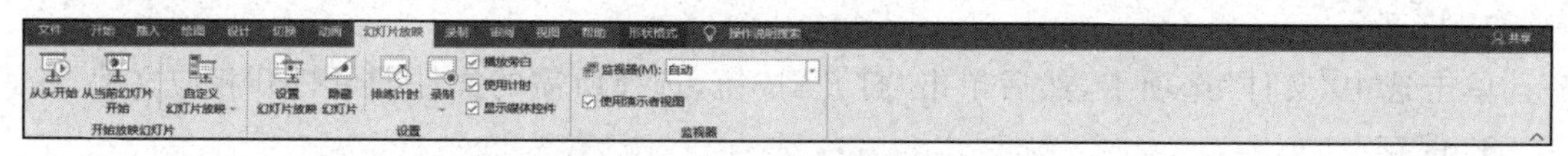

图 7-6　“幻灯片放映”选项卡

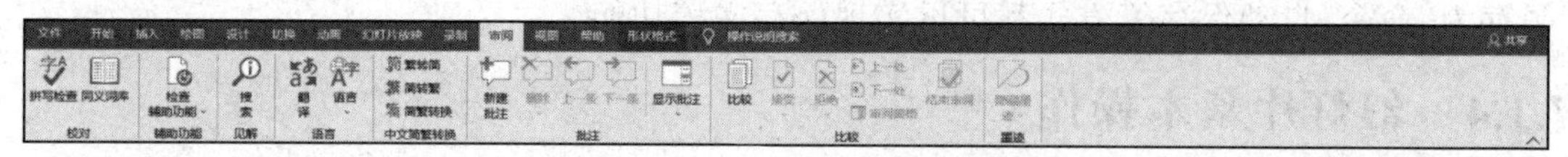

图 7-7　“审阅”选项卡

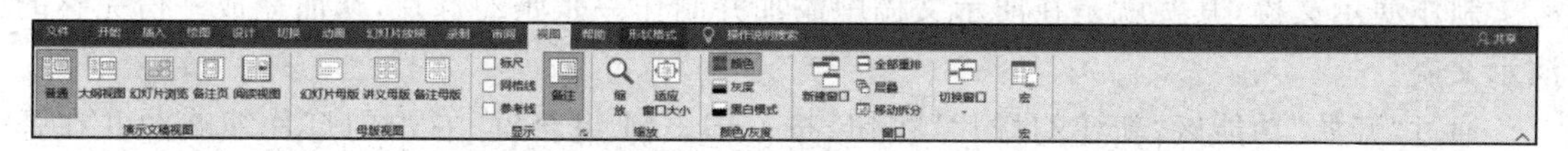

图 7-8　“视图”选项卡

1. “开始”选项卡

使用“开始”选项卡可插入新幻灯片以及设置幻灯片上的文本格式。

2. “插入”选项卡

使用“插入”选项卡可将表、形状、图表、页眉或页脚插入演示文稿中。

3. “设计”选项卡

使用“设计”选项卡可自定义演示文稿的背景、主题设计等。

4. “切换”选项卡

使用“切换”选项卡可对当前幻灯片应用、更改或删除切换。

5. “动画”选项卡

使用“动画”选项卡可对幻灯片上的对象应用、更改或删除动画。

6. “幻灯片放映”选项卡

使用“幻灯片放映”选项卡可开始幻灯片放映、自定义幻灯片放映的设置和隐藏单个幻灯片。

7. “审阅”选项卡

使用“审阅”选项卡可检查拼写、更改演示文稿中的语言或比较当前演示文稿与其他演示文稿的差异。

8. “视图”选项卡

使用“视图”选项卡可以查看幻灯片母版、备注母版、浏览幻灯片，还可以打开或关闭标尺、网格线。

7.1.3 演示文稿基本操作

1. 新建

可创建空白文档,也可通过主题或模板创建。

所谓主题,是指规定了演示文稿的配色、文字、母版和效果等设置。

所谓模板,是指预先设计好的演示文稿的样本,包括多种幻灯片,表达了特定提示内容,而且所有幻灯片的主题相同,保证整个演示文稿外观统一。

2. 打开

单击选中“文件”选项卡,然后单击“打开”按钮,选择所需的文件即可打开相应文稿。

3. 保存

快速工具栏“保存”按钮、按 Ctrl+S 组合键、选择“文件”→“保存”命令、选择“文件”→“另存为”命令、自动保存等方式都可以实现保存文稿功能。

7.1.4 幻灯片基本操作

1. 新建幻灯片

制作演示文稿,其实就是在演示文稿中添加并制作一张张幻灯片,从而完成一份完整的演示文稿。

通过“开始”功能区“新建幻灯片”按钮、按 Ctrl+M 组合键、右击幻灯片缩略图并在弹出的快捷菜单中选择“新建幻灯片”命令都可以实现幻灯片新建功能。

2. 选择幻灯片

选择幻灯片基本操作有:选择一张幻灯片、选择多张连续的幻灯片、选择多张不连续的幻灯片和选择所有幻灯片。

3. 删除幻灯片

在幻灯片缩略图中,右击要删除的幻灯片,在快捷菜单中选择“删除幻灯片”命令或者选中要删除的幻灯片并直接按 Delete 键即可删除。

4. 复制或移动幻灯片

通过鼠标拖动、快捷菜单、“开始”功能区“剪贴板”组的命令按钮都可实现复制或移动幻灯片功能。

5. 隐藏幻灯片

被隐藏的幻灯片在编辑状态下可见,在放映状态下被隐藏。

在普通视图幻灯片缩略图中,右击要隐藏的幻灯片,在弹出的快捷菜单中选择“隐藏幻灯片”命令即可实现隐藏功能。若要取消隐藏,再次执行“隐藏幻灯片”命令即可。

7.1.5 视图

视图是文档在计算机屏幕中的显示方式,有多种显示演示文稿的方式,可以从不同的角度管理演示文稿。

1. 普通视图

普通视图是演示文稿文档的默认视图,是主要的编辑视图,可以用于撰写或设计演示文稿。

2. 大纲视图

大纲视图在左侧窗格中以大纲形式显示幻灯片中的标题文本，易于把握整个演示文稿的设计主题。

3. 幻灯片浏览视图

在幻灯片浏览视图中，屏幕上可显示多张幻灯片缩略图，可以直观地观察演示文稿的整体外观，便于进行多张幻灯片顺序的编排、复制、移动、插入和删除等操作。

4. 备注页视图

备注页视图主要用于为幻灯片添加备注内容，如演讲者备注信息、解释说明信息等。

在这种视图下，一页幻灯片将被分成两部分，其中上半部分用于展示幻灯片的内容，但无法对幻灯片的内容进行编辑，下半部分则是用于建立备注。

5. 阅读视图

阅读视图是以窗口的形式对演示文稿中的切换效果和动画进行放映，在放映过程中可以单击鼠标切换放映的幻灯片。

7.1.6　外观设计

1. 主题

主题是演示文稿的颜色搭配、字体格式化以及一些特效命令的集合，使用主题可以大大化简演示文稿的创作过程。

2. 设置背景

演示文稿背景格式设置方式可以有纯色填充、渐变填充、图片或纹理填充、图案填充四种。用户可在“设计”选项卡下单击“设置背景格式”按钮进行背景设置。

3. 使用母版

母版主要用来定义演示文稿中所有幻灯片的格式，其内容主要包括文本与对象在幻灯片中的位置，文本与对象占位符大小、文本样式效果、主题颜色、背景等信息。PowerPoint 2019 提供了幻灯片母版、备注母版和讲义母版三种母版。

7.1.7　插入对象

1. 插入图片和图形

可以从其他图形文件中插入图片和图形，从而能够制作出更加生动形象的演示文稿。

幻灯片中可以插入图片、屏幕截图、形状、SmartArt 图形、图表等，可以通过“插入”选项卡“图像”组和“插图”组中的各按钮插入相应的对象。

2. 插入声音和视频

为了突出重点及丰富幻灯片内容，可以在演示文稿中插入声音、视频等多媒体元素。此功能位于“插入”选项卡“媒体”组。

3. 插入艺术字

演示文稿软件提供了艺术字，使得文本在幻灯片中更加突出，能给幻灯片增加更丰富的效果。艺术字位于“插入”选项卡“文本”组，有多种艺术字样式可选。

4. 插入表格

在制作幻灯片时,如果数据比较多,采用表格能更直观地表达数据。表格位于“插入”选项卡“表格”组。

7.1.8 切换和动画效果

1. 切换效果

幻灯片的切换效果是指放映两张幻灯片之间的过渡效果。在“切换”选项卡“切换到此幻灯片”组中,有“平滑”“淡入/淡出”“推入”“擦除”“分割”“显示”“切入”等多种效果,还可在“计时”组中设置伴随的声音和幻灯片切换方式。

2. 动画效果

常见的动画效果包括进入效果、强调效果、退出效果和动作路径四类。

进入效果是设置所选对象出现在幻灯片上的动画效果;强调效果是为了突出显示所选对象而添加的效果;退出效果是设置所选对象从幻灯片上消失的动画效果;动作路径是设置所选对象在幻灯片上移动的轨迹,它可以是直线、曲线或图形样式等。

3. 超链接

幻灯片中的超链接与网页中的超链接类似,是从一个对象跳转到另一个对象的快捷途径。在幻灯片中添加超链接的对象并没有严格的限制,可以是文本或图形图片,也可以是表格或图示。

4. 动作

演示文稿放映时,由演讲者操作幻灯片上的对象去完成下一步的某项既定工作,称为该对象的动作。对象动作的设置提供了在幻灯片放映中人机交互的一个途径,使演讲者可以根据自己的需要选择幻灯片的演示顺序和展示演示内容,可以在众多的幻灯片中实现快速跳转,也可以实现与网络的超链接,甚至可以应用动作设置,启动某一个应用程序或宏。

7.1.9 演示文稿的放映、共享、导出与打印

1. 放映

幻灯片的放映分为手工放映和自动放映。默认情况下,放映幻灯片是按照演讲者预设的放映方式进行的,但根据放映时的场合和放映需求不同还可以设置其他的放映方式。

1）放映设置

幻灯片放映设置主要包括放映类型(演讲者放映、观众自行浏览、在展台浏览)、放映选项(设置终止方式,是否添加旁白、动画以及笔的颜色等)、放映幻灯片(选择全部放映或者放映其中的某个部分)、推进幻灯片(手动放映或者自动放映),如图 7-9 所示。

2）排练计时

在演示文稿的放映方面,一些软件提供了“排练计时”功能。排练计时可跟踪每张幻灯片的显示时间并相应地设置计时,为演示文稿估计一个放映时间,以用于自动放映。

2. 共享

通过“广播幻灯片”功能,使得用户能够与任何人在任何位置轻松共享演示文稿。

3. 导出

用户可以将 PPT 保存为多种格式,以满足不同需求,如导出超高清 4K 分辨率的视频,

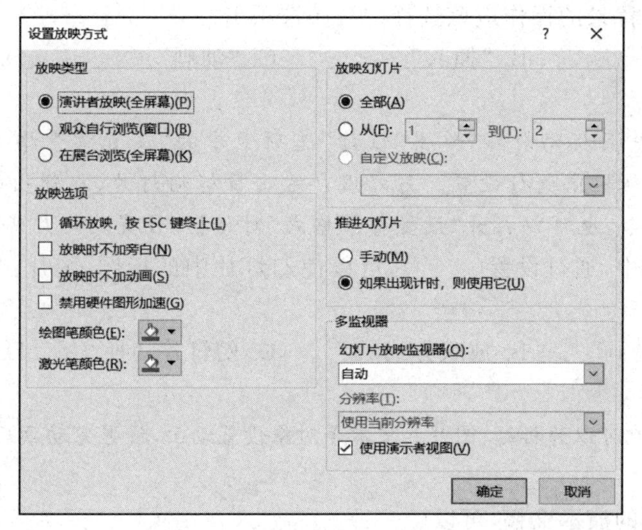

图 7-9　“设置放映方式”对话框

或是把幻灯片保存为 Web 格式等。

4. 打印

在打印时，用户可以根据个人的需求将演示文稿打印为不同的形式，可设置打印份数、打印范围和打印版式等。

7.2　典型题目分析

一、单选题

1. 演示文稿文件的默认扩展名是(　　)。

A. pptx　　B. potx　　C. xlsx　　D. docx

正确答案：A

答案解析：演示文稿文件的默认扩展名是 pptx，模板的扩展名是 potx。

2. 编辑视图是(　　)。

A. 幻灯片浏览视图　　B. 备注页视图

C. 幻灯片放映视图　　D. 普通视图

正确答案：D

答案解析：普通视图是主要的编辑视图，也是默认视图，可以用于撰写或设计演示文稿。

3. 可以在演示文稿中插入图表，目的是(　　)。

A. 可视化地显示文本　　B. 演示和比较数据

C. 显示一个组织结构图　　D. 说明一个进程

正确答案：B

答案解析：在“插入”选项卡“插图”组中，单击“图表”，可向幻灯片中插入图表。用图表表示数据具有直观、简洁的特点，更便于数据分析及比较数据之间的差异。

4. 设置幻灯片背景的操作应该选择(　　)选项卡。

A. “设计”　　B. “插入”　　C. “动画”　　D. “视图”

正确答案：A

答案解析：选中目标幻灯片，单击“设计”选项卡中的“设置背景格式”按钮，在弹出的“设置背景格式”对话框中进行设置。另外用户右击目标幻灯片，在弹出的快捷菜单中选择“设置背景格式”命令，也可以打开“设置背景格式”对话框，设置幻灯片背景。

5. 在演示文稿中，通过设置(　　)，可以使幻灯片中的标题、图片、文本等按需要的顺序出现。

A. 自定义动画　　B. 放映方式　　C. 幻灯片切换　　D. 幻灯片链接

正确答案：A

答案解析：用户可以为标题、图片和文本等对象设置动画，设置完动画后，可以为动画排序。

二、多选题

1. 建立一个新的演示文稿，可以(　　)。

A. 执行“文件”选项卡的“新建”命令

B. 使用 Ctrl＋N 组合键

C. 单击“插入”选项卡中的“新建幻灯片”按钮

D. 使用 Ctrl＋M 组合键

正确答案：AB

答案解析：C 项和 D 项的作用是新建一张幻灯片。

2. 下列关于隐藏幻灯片的说法中不正确的是(　　)。

A. 隐藏的幻灯片被删除　　B. 隐藏的幻灯片不能被编辑

C. 隐藏的幻灯片播放时不显示　　D. 隐藏的幻灯片播放时显示为空白页

正确答案：ABD

答案解析：被隐藏的幻灯片在编辑状态下可见，在放映状态下被隐藏。

3. 在(　　)中可以对幻灯片文字内容进行编辑。

A. 普通视图　　B. 大纲视图

C. 幻灯片放映视图　　D. 备注页视图

正确答案：AB

答案解析：幻灯片放映视图是对演示文稿的动态放映，无法编辑幻灯片的内容。备注页视图可以编辑备注内容，但不能编辑幻灯片的内容。

4. 幻灯片放映类型主要有(　　)。

A. 演讲者放映　　B. 单窗口自动播放

C. 观众自行浏览　　D. 多窗口并行放映

正确答案：AC

答案解析：参考图 7-10。

5. (　　)是合法的“打印内容”选项。

A. 大纲　　B. 幻灯片　　C. 备注页　　D. 幻灯片切换效果

正确答案：ABC

答案解析：幻灯片切换效果属于动态效果，无法打印输出。

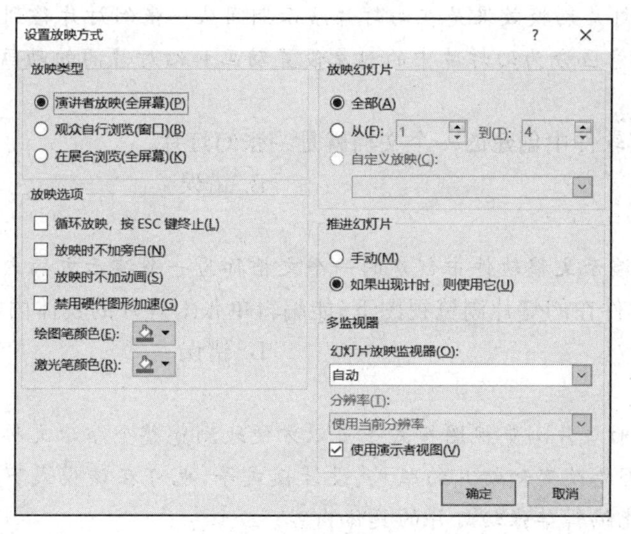

图 7-10　放映类型

三、填空题

1. 利用演示文稿软件制作出的，由一张张幻灯片组成的文件叫作________文件，其默认扩展名为 pptx。

正确答案：演示文稿

答案解析：演示文稿软件的主要功能是将各种文字、图形、图表、音频、视频等多媒体信息以图片的形式展示出来。这种制作出的图片叫作幻灯片，而一张张幻灯片组成的文件叫作演示文稿文件，其默认扩展名为 pptx。

2. 演示文稿软件若想设置某张图片以“飞入”形式出现，则应该选择________选项卡。

正确答案：动画

答案解析：将动画效果应用于个别幻灯片上的文本或对象，应在“动画”选项卡下进行设置。

3. 演示文稿软件________可以跟踪每张幻灯片的显示时间并相应地设置计时，为演示文稿估计一个放映时间，以用于自动放映。

正确答案：排练计时

答案解析：通过排练计时可以记录每张幻灯片演示的时间，放映时将按照提前排练好的自动放映。

4. 演示文稿软件在“幻灯片”选项卡下，如果选择不连续的多张幻灯片，则按住________键，依次单击要选的幻灯片。

正确答案：Ctrl

答案解析：如果选择连续多张幻灯片，可先选中连续多张幻灯片中的第一张然后按住 Shift 键，再单击连续多张幻灯片中的最后一张；如果选择不连续的多张幻灯片，则按住 Ctrl 键，依次单击要选的幻灯片。

5. 演示文稿中，若需使幻灯片从“随机线条”效果变换到下一张幻灯片，则应设置________。

正确答案：幻灯片切换

答案解析：幻灯片切换效果是在幻灯片演示期间从一张幻灯片移到下一张幻灯片时出现的动画效果。注意区分为幻灯片中的对象设置动画和幻灯片间的动画效果。

四、判断题

1. 在演示文稿软件中创建的一个文档就是一张幻灯片。（　　）

A. 正确　　　　B. 错误

正确答案：B

答案解析：在演示文稿软件中创建的一个文档称为一个演示文稿文件。

2. 演示文稿软件在幻灯片浏览视图下,能编辑单张幻灯片的具体内容。（　　）

A. 正确　　　　B. 错误

正确答案：B

答案解析：在幻灯片浏览视图模式下可以方便地浏览整个演示文稿中各张幻灯片的整体效果,以决定是否要改变幻灯片的版式、设计模式等,也可在该模式下排列、添加、复制或删除幻灯片,但不能编辑单张幻灯片的具体内容。

3. 主题只能应用于所有幻灯片。（　　）

A. 正确　　　　B. 错误

正确答案：B

答案解析：在默认情况下,应用主题时会同时更改所有幻灯片的主题,若想只更改当前幻灯片的主题,需在主题上右击,在弹出的快捷菜单中选择“应用于选定幻灯片”命令。

4. 背景格式设置方式有纯色填充、渐变填充、图片或纹理填充、图案填充四种。（　　）

A. 正确　　　　B. 错误

正确答案：A

答案解析：如图 7-11 所示。

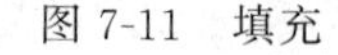

图 7-11　填充

5. 在演示文稿软件中,若想在一屏内观看多张幻灯片的播放效果,可采用的方法是切换到打印预览。（　　）

A. 正确　　　　B. 错误

正确答案：B

答案解析：用户在打印预览下看到的是实际的打印效果,而不是演示文稿的播放效果。

更多练习二维码

7.3　实训任务

根据电子活页要求,完成学校宣传 PPT 的制作。

第 8 章　短视频与融媒体

8.1　知识点分析

“融媒体”是一个理念，也是充分利用媒介载体，把广播、电视、报纸等既有共同点，又存在互补性的不同媒体，在人力、内容、宣传等方面进行全面整合，实现“资源通融、内容兼容、宣传互融、利益共融”的新型媒体宣传理念。短视频是融媒体重要表现形式之一，短视频拍摄制作已经成为每个人必备技能。本章主要包括脚本构思撰写、视频素材拍摄编辑、视频剪辑分享发布等知识点。

8.1.1　脚本

融媒体与短视频制作 1

1. 了解脚本

脚本，简单来说就是对你想要拍摄的内容进行构思、概括和梳理，把脑子里的东西写下来。拍摄视频时拍什么、在哪拍、怎么拍，先把这些内容记录下来，然后作为后面拍摄和剪辑的依据，也可以把它理解为作文草稿或者发言提纲。脚本没有固定格式要求，通过阅读脚本，导演知道怎么拍，演员知道怎么演，剪辑知道怎么剪，这就是一个成功的脚本。

脚本的重要性如下。

(1) 保证视频按照统一的主题推进，避免各自为政，节约拍摄时间，提高拍摄效率。

(2) 脚本能厘清视频将要呈现的思路，提高视频质量。在写脚本的过程中，需要大家精雕细琢每一个画面、每一个细节、景别、场景、布置等。这样在拍摄时，条理会更加清晰，成片也更加接近预期。

(3) 脚本可以提高各个环节的配合度，便于工作沟通，后期制作工作量也会大大减轻。不少视频由一个团队一起制作，有摄影师、演员、剪辑师等，有了脚本能够大大地降低沟通成本，节约时间。

融媒体与短视频制作 2

2. 脚本构思

对于短视频制作而言，脚本一般可以分为两种：第一种是普通的、相对简单的大纲脚本；第二种是细化的分镜头脚本。

1) 大纲脚本

大纲脚本没有明确地指出人物究竟该说什么话，该做什么动作，只是将人物需要做的事情安排下去。

2) 分镜头脚本

大纲脚本是故事发展大纲，用于确定故事发展方向。确定故事到底在什么地点、什么时间,有哪些角色以及角色对白、动作和情绪变化等,这些细化的工作就是分镜头脚本要确定下来的。

分镜头脚本把文字变成画面,再用不同景别和机位来呈现出来,主要包括内容、景别、镜头、时长、台词和道具等信息。对比大纲脚本,分镜头脚本要更细化一些。

(1) 分镜头脚本包括画面内容、景别、摄法、时长、台词、道具六大要素。

① 画面内容。画面内容是将你想要表达的东西,通过各种场景方式进行呈现。这是脚本最重要的一个环节,具体来讲就是拆分镜头,把内容拆分在每一个镜头里。

② 景别。景别是指由于摄影机与被摄体的距离不同,而造成被摄体在摄影机寻像器中所呈现范围大小区别。一般由近至远,分为特写、近景、中景、全景和远景。

③ 摄法。摄法即拍摄手法,也就是摄像机怎么拍,这与机位有关,有推镜头、拉镜头、摇镜头和移镜头(运动镜头)等手法。选一个角度固定机位就是静止摄法,也就是固定镜头。常见的摄法有前推后拉、环绕运镜和低角度运镜。

④ 时长。时长是指镜头画面在最终视频中需要多少秒来展示。提前标注清楚,可以让摄影人员拍摄时判断拍摄时间,同时方便在剪辑时找到重点,提高剪辑工作效率。

⑤ 台词。台词是为了镜头表达准备的,起到画龙点睛的作用。台词需与画面配合好。

⑥ 道具。道具是视频重要组成部分,道具使用也非常重要,需要注意道具在视频中起画龙点睛的作用,而不是画蛇添足,不能让道具抢了主角风头。

(2) 分镜头脚本分为分镜头脚本有文字类、图文类和动态类三大类。

① 文字类。纯文字类脚本,就是全部以文字来描述的脚本,适用于时间紧急情况或简单构思。制作文字类脚本时,可以借助分镜头脚本模板来快速完成,一般情况下可以用表格进行脚本设计。

② 图文类。图文类是比较专业的分镜头脚本,在一些专业场合使用。专业视频拍摄前都会专门绘制分镜头,以指导拍摄。图文类脚本也可以通过图表呈现,包括镜号、景别、时长和内容等。

③ 动态类。动态类分镜头是建立在图文类分镜头基础上,将绘制画面内容用 Adobe After Effects、Adobe Premiere Pro 等视频制作软件进行简单后期处理,变成一个最终成片的预览视频。简单来说,就是把画好的分镜,让里面该动的稍微动一下,加一些简单特效、音效。

3. 撰写脚本

1) 拟定主题

首先确定好拍摄主题,包括内容领域、视频风格和传达思想等。

2) 罗列框架

在确定好主题之后,就开始构思视频的整体框架。整体框架包括人物、环境以及相互之间的联系,建立故事框架和思路,确定角色、场景、时间及所需要道具,然后根据这些道具开始创作故事。

3) 内容填充

当框架列好之后,接下来就是进行内容填充。写下你要讲的重点和关键词,防止在开拍之后,漏拍、错拍或者忘记要说什么。

4）编辑脚本

最后是对脚本进行编辑。在具体编写脚本的时候，可以通过办公自动化软件来完成。

8.1.2 视频制作

1. 拍摄素材

1）摄影基础名词

快门速度(S)是指镜头从打开到关闭的时间，拍摄运动物体快门速度要快，不然就会模糊；拍摄运动轨迹快门速度要慢，不然就看不到轨迹。

感光度(ISO)是指镜头对光的敏感程度，光线不足的地方感光度要适当提高，但是又不能太高，不然画面噪点很多，最好控制在ISO 400以下。

曝光补偿(EV)是指给画面加光或者减光操作。比如，拍雪景时由于雪对光线有反射，机器会认为环境很亮，会自动降低曝光，拍出的雪是灰色的，这时候就需要人为增加曝光补偿再拍，恢复白色。

2）手机拍照

普通人用手机也可以完成简单的视频摄制工作。

用手机拍摄照片素材，可以选择不同模式，作用完全不同。

拍出主体突出、背景模糊的效果，可以用“人像模式”或者“大光圈模式”。

把宏伟场景或者壮丽山河拍全，可以用“全景模式”。

拍摄花开花落、日月更迭、风云变幻的过程，需要使用“延时摄影”。

拍摄唯美雾化的流水，使用“慢门模式”。

2. 拍摄视频

通常手机拍视频的设置，建议使用1080P 60fps，这个分辨率不会像4K那么占内存，在手机上观看的清晰度也足够好，60fps的帧数会更加流畅，后期剪辑时进行变速调整的空间会更大一些。

在拍摄视频时，一定要注意双手稳定持机。拍摄移动机位的视频时，要保证脚步和身体姿态的平稳，尽量匀速移动拍摄。实在拿不稳，可以借助三脚架或稳定器来帮助拍摄。手持杆或手持拍摄稳定器价格便宜，但是效果非常好。

3. 编辑素材

1）常用修图软件

(1) 计算机版。

① Photoshop(适用于Windows、Mac)简称PS：一款专业的修图软件，它甚至已经成为修图的代名词。Photoshop主要处理由像素构成的数字图像，可以有效地进行图片编辑和创造工作。平面设计是Photoshop应用最为广泛的领域，无论是图书封面，还是招贴、海报，这些平面印刷品通常都需要Photoshop软件对图像进行处理。

Light room(适用于Windows、Mac)是一款强大的后期制作软件，它与PS有许多相似点，但是两者定位不同。Light room对于专业摄影师来说，是一款比较有效率的图像处理软件，更专注于大批量图片处理。

② 开贝修图(适用于Windows、Mac)：一款专业人像后期修图软件，可以帮助后期数码师提高修图效率(单人每天可完成超过400张精修片或1000张粗修片)。并且拥有强大

批量瘦脸技术,一键批量完成脸部液化;AI全自动磨皮美肤,轻松完成样片级质感皮肤处理;多种调色风格一键下载使用;一键添加天空/光效/艺术字/前景/耶稣光等。

③ 鲁班修图(适用于Windows):一款傻瓜式一键人像修图软件,这款软件包含照片修图需要的各种功能,包括照片调色、曝光修复、液化瘦脸、精细磨皮、肤色均匀、皮肤通透等,还有丰富的人像美妆功能。该软件最大的优点是操作简单,适合普通人使用。

(2)手机版。

① Snapseed:拥有支持"最直观操作方式"的修图界面,在手指的滑动中就能非常细微地调整照片的细节变化。可以快速地调整修图。

② VSCO Cam:拥有目前所有修图App中最精致、细腻、充满专业艺术风格的滤镜,把风景、人物、物品照片套上VSCO Cam的滤镜,能够呈现出画廊摄影作品质感。

③ 黄油相机:一款添加文字的软件,有大量风格各异的文字模板,文艺清新、俏皮可爱、复古国风,数不胜数。可以实现加文字、加印章、加贴图、加水印以及各种字体、各种颜色、各种排版。

④ PicsArt:有图片编辑、相机效果、拼贴画制作工具、自拍滤镜、免费剪贴画廊、贴纸、表情符号和表情包,以及艺术绘图工具等超多功能。PicsArt比Snapseed的双重曝光功能更好,模糊功能也非常丰富实用。

2)常用视频编辑软件

(1)计算机剪辑软件。

① 会声会影:加拿大Corel公司制作的一款视频编辑软件,英文名是Corel Video Studio。具有图像抓取和编修功能,并提供超过100种编制功能与效果,可导出多种常见视频格式,字幕加删、音轨对切都非常方便。界面友好、操作简单、上手速度快,方便电子相册制作,有大量相册模板。

② Lightworks:一款电影剪辑软件,对普通用户免费。拥有多镜头同步、智能剪辑、实时滤镜等功能,能够实现多种电影级处理效果。一些热门的电影,在后期剪辑过程中都曾经用到这款软件。

③ VSDC Video Editor:一款支持颜色校正、对象转换、对象过滤器、过渡效果和特殊fx,且支持中文版的视频剪辑、合成软件。

④ Hitfilm3 Pro:拥有强大的CG引擎技术和多位元色彩控制,提供专业级效果和后期合成功能。

⑤ DaVinci Resolve(达芬·奇):全球第一套在同一个软件工具中,将专业离线编辑精编、校色、音频后期制作和视觉特效融于一身的视频剪辑软件。通过使用DaVinci Resolve不同工具集,可以协同作业,融合不同类型创意思维。能在剪辑、调色、特效和音频流程之间迅速切换。

⑥ Adobe Premiere Pro(Pr):一款常用的视频编辑软件。编辑画面质量较好,具有良好兼容性,可以与Adobe公司推出的其他软件相互协作,广泛应用于广告制作和电视节目制作。

(2)手机剪辑软件。

① 剪映:一款手机视频编辑工具,带有全面的剪辑功能,支持变速,有多样滤镜和美颜效果,有丰富曲库资源。它最大的优势是自动识别语音,将语音转换为字幕,而且可以添加

多个字幕轨道，可以用来做一些字幕效果。可以添加画中画视频，还可以将视频导出为1080P(200万像素)高清格式。

② VUE：iOS和Android平台上的一款Vlog社区与编辑工具，允许用户通过简单的操作实现vlog拍摄、剪辑、细调和发布，记录与分享生活。其功能也很全面，如视频的剪辑、拼接、滤镜、字幕、背景音乐等，比较适合大众。

③ 巧影软件：一款比较接近专业视频剪辑的应用软件，操作流程、逻辑和线性编辑软件很像，如多层素材导入，各种专场特效、字幕特效、音频特效等，还有素材库，功能强大。很多短视频特效，都可以用巧影制作出来。巧影需要具备一定技术知识，才能更好地操作，甚至打造出接近PC软件效果。

4. 视频剪辑流程

视频剪辑主要包括以下几步。

(1) 熟悉素材。

(2) 整理思路。在熟悉完素材后，根据这些素材和脚本整理出剪辑思路，也就是整片的剪辑构架。

(3) 镜头分类筛选。在整体思路基础上将素材进行筛选分类。将不同场景系列镜头分类整理到不同文件夹中，这个工作可以在剪辑软件的项目管理功能中完成。分类方便后边剪辑和素材管理。

(4) 粗剪(框架、情节完整)。将素材分类整理完成之后，接下来就是在剪辑软件中按照分类好的场景进行拼接剪辑，挑选合适镜头将每一场戏份镜头流畅地剪辑下来，然后将每一场戏按照剧本叙事方式拼接，这样整部视频结构性剪辑就基本完成了。

(5) 精剪(节奏、氛围)。确定了粗剪之后，还需要对视频进行精剪。精剪是对影片节奏及氛围等方面做精细调整，对影片做减法和乘法。减法是在不影响剧情情况下，修剪掉拖沓冗长的段落，让影片更加紧凑；乘法是使影片情绪氛围及主题得到进一步升华。

(6) 添加配乐、音效。合适的配乐可以给影片加分。配乐是整部片子风格重要组成部分，对影片氛围节奏塑造起着很大作用，所以好的配乐对于影片至关重要。

(7) 制作字幕及特效。影片剪辑完成后，需要给影片添加字幕及制作片头、片尾特效。当然特效制作有时候会和剪辑一起进行。

(8) 渲染输出视频成品。最后一步是将剪辑好的影片渲染输出，也就是导出视频成片。

8.1.3 多媒体视频分享和发布

1. 通过网页分享视频

HTML 5在网页中使用可以更加便捷地处理多媒体内容。HTML 5(hypertext markup language 5)在2008年正式发布，在2012年形成了稳定版本。HTML 5将Web带入一个成熟的应用平台，在这个平台上，对视频、音频、图像、动画以及与设备交互都进行了规范。通过使用HTML 5技术，可以便捷地发布多媒体内容。

2. 选择视频平台发布

1) 短视频平台

近年来短视频平台非常火爆，并且迅速得到商业应用，很多普通人通过短视频平台展示自我，实现了以前不可想象的成功。常见线上短视频平台分为以下几类。

(1) 自媒体平台。自媒体是指普通大众通过网络向外发布消息或新闻等,包括微博、微信朋友圈、微信公众号、QQ 公众号和 QQ 空间等。自媒体最大优点是方便用户之间互动,可以互发私信、交流。其他媒体形式没有给用户更多交流空间。年轻人更倾向于在自媒体平台中交流,以更好地展示自我。

(2) 早期短视频平台。最早出现的一些短视频分享平台,以传统互联网为主,内容比较正式。例如,像秒拍、美拍、西瓜视频等,都是较早出现的短视频平台。这些视频平台一般要求内容比较完整,且具有科普性或者完整性。例如,美食类视频一步步把制作过程和细节记录下来,指导人们更好地饮食,类似这样的视频,比较容易被平台接受。

(3) 视频网站。视频网站是出现最早的分享视频方式。早期在视频网站上分享的视频,都需要比较严谨且精细制作。只有这种内容在这样的平台才有观看价值。与现在视频分享平台不同,视频网站的视频大部分是由平台自身制作,严格来说算不上视频分享平台。

(4) 短视频平台。近年来出现的类似抖音、快手等短视频平台,由于对于拍摄质量要求不高,对内容也没有太多要求(只要没有触犯法律即可),再加上能够支持在线直播,迅速被不同年龄段、不同阶层、不同消费品味的人接受。一方面,移动网络速度能够支持移动用户随时随地查看,并且由于视频一般较短(30s 以内的视频最受欢迎),人们可以在等车、吃饭、走路等碎片闲散时间中观看,而不是像影视剧一样消耗时间,与现在快节奏生活完美融合;另一方面,大数据技术能够根据每个人生活、消费、习惯、爱好等特性,实时给每个用户单独推荐不同类型视频,实现了用户紧密性关注。

(5) 垂直 App。随着短视频平台成功,一些公司开始经营细分市场,设计了一些垂直 App,筛选出专门的用户,以视频形式来推广。

(6) 互联网电视。虽然以手机、平板电脑为代表的移动用户越来越多,但是还有不少传统用户喜欢看电视。通过互联网电视平台,也可以发布和分享视频,增加视频的覆盖面。

2) 线下短视频

随着视频资源的丰富,平板电视、投影等设备普及,在机场、地铁站、办公楼宇,甚至电梯等人流量相对比较密集的区域,都广泛采用了视频播放广告等形式来增加视频分享密度,提升宣传效果。这些视频平台一般掌握在几个大公司手中,所播放视频大部分也都是由专业人员专门制作,内容以广告宣传为主。

8.1.4 融媒体

融媒体是传统媒体与新媒体融合发展而产生的,充分利用当前各种媒介载体,把广播、电视、报纸等既有共同点又存在互补性的不同媒体,在人力、内容、宣传等方面进行全面整合,实现“资源通融、内容兼容、宣传互融、利益共融”的新型媒体宣传理念。通俗地说,以前是报纸、电视播出内容,现在转型往移动端发展,把报纸、电视上的内容通过新媒体传播形式展现出来,这种两者兼有的形式就是融合。

“融媒体”不是一个独立的实体媒体,而是一个把广播、电视、互联网的优势互为整合、互为利用,使其功能、手段、价值得以全面提升的一种运作模式。它是一种实实在在的科学方法,从而实现合理整合新、老媒体的人力、物力资源,在社会效益和经济效益两个方面都能够取得成功。

受信息技术发展影响,当前宣传主阵地已经从传统纸质媒介,转为以互联网、移动互联网为基础的电子媒介，并且实现了两者融合发展。比如，人民日报、光明日报、中央电视台、大众网等这些传统报纸、电视、网络都开始推出App、官方公众号、官方抖音号等。通过当前容易被年轻人接受的分享平台，以更容易被人接受的方式发布官方消息，更好地倡导社会正能量，更好地引导舆论发展。

融媒体是当前信息化时代，信息技术与传统媒介融合的产物，体现了信息技术不断创新发展的特点。

8.2　典型题目分析

一、单选题

1. 以下（　　）是垂直类短视频平台。

A. 微信　　B. 微博　　C. 下厨房　　D. 百度

正确答案：C

答案解析：垂直类短视频是一种指定内容的短视频。垂直类短视频往往集中在一个特定领域或者主题，如旅游、汽车、购物、教育、游戏和娱乐等。相比于传统短视频，垂直类短视频更加精准、专业，能够更好地满足用户需求。下厨房App专门针对美食用户。

2. 如果拍摄短视频过程中画面晃动，使用以下（　　）工具可以避免画面晃动。

A. 相机　　B. 手机云台　　C. 无线耳机　　D. 伞灯

正确答案：B

答案解析：手机云台目前主要应用于直播、拍摄、慢动作、延时全景等多种视频拍摄，在手机云台的配合下，手机拍摄画面相对于手持拍摄，更为稳定，成像效果更好。

3. 光圈的主要作用是（　　）。

A. 测距离机构　　B. 测景深

C. 控制镜头透光多少　　D. 取景

正确答案：C

答案解析：镜头光圈的作用主要表现在以下三个方面：①调节进光照度。这是光圈的基本作用。光圈调大，进光照度增大；光圈调小，进光照度减小。它与快门速度配合，解决曝光量问题。②调节控制景深。这是光圈的重要作用。光圈大，景深小；光圈小，景深大。③影响成像质量。这是光圈容易被忽视的作用。任何镜头都有某一档光圈的成像质量是最好的，这档光圈俗称最佳光圈。使用专门仪器可以测出最佳光圈的准确位置。一般来说，最佳光圈位于该镜头最大光圈缩小2～3档处。

4. 九宫格构图法一般会把拍摄主体放置到（　　）位置。

A. 4个交点　　B. 占比1/2　　C. 占比1/3　　D. 占比2/3

正确答案：A

答案解析：九宫格构图法，就是利用画面中上、下、左、右四条分割线对画面进行分割，将画面分成相等九个方格构图方法。拍摄时将被拍摄主体放置在线条四个交点上，或者放置在线条上，这样拍摄出画面看起来更和谐，被拍摄主体自然成为观众视觉中心，并使画面趋于平衡。

5. 根据景距远近排列，下列属于从远到近的是(　　)。

A. 远景—全景—近景　　B. 全景—远景—半身景

C. 全景—近景—中景　　D. 极远景—全景—远景

正确答案：A

答案解析：远至近可以分为远景、全景、中景、近景和特写。

二、多选题

1. 以下(　　)是短视频平台特点。

A. 生产流程简单化，制作门槛低　　B. 快餐化和碎片化

C. 社交属性弱　　D. 内容个性化和多元化

正确答案：ABD

答案解析：短视频平台的特点：①生产流程简单化，制作门槛低；②快餐化和碎片化；③内容个性化和多元化；④社交属性强。

2. 以下(　　)是优质短视频的元素。

A. 价值性　　B. 画面清晰　　C. 优质标题　　D. 随意搭配音乐

正确答案：ABC

答案解析：优质短视频的五个要素分别是价值趣味、清晰画质、优质主题、音乐节奏和多维胜出。

3. 下列属于视频剪辑软件的是(　　)。

A. Premiere　　B. 爱剪辑　　C. PowerPoint　　D. 快剪辑

正确答案：ABD

答案解析：PowerPoint 主要功能是将各种文本、图片、图表、声音以及各种视频图像等多媒体信息以图片方式展示出来，是制作演示文稿的软件。

4. 下列属于短视频拍摄的辅助器材的是(　　)。

A. 三脚架　　B. 稳定器　　C. 微单　　D. 话筒

正确答案：ABD

答案解析：微单是短视频拍摄设备。

三脚架是短视频拍摄的辅助器材，可以防止拍摄设备抖动而造成视频画面模糊。

稳定器是短视频拍摄的辅助器材，当在拍摄人物追逐、骑单车、玩滑板等户外运动画面时，人物的运动速度很快，摄影器材要跟随人物运动。如果拍摄者手持拍摄设备，拍摄出来的画面会抖动得非常厉害，观众在观看时很容易头晕、烦躁，甚至会立刻把短视频关掉，以致影响短视频的完播率，而在拍摄设备上安装稳定器可以很好地解决这个问题。

话筒是短视频拍摄的辅助器材。当拍摄设备距离人物超过 2 米时，人声会与环境噪声混杂在一起，影响收音效果，这时就要用到话筒。

短视频拍摄辅助器材还包括摇臂、滑轨等。

5. 以下关于长视频和短视频的对比，说法不正确的是(　　)。

A. 长视频占用整块时间，短视频占用碎片时间

B. 长视频传播速度相对较慢，短视频传播速度相对较快

C. 长视频涉及领域较广，短视频主要涉及搞笑内容

D. 长视频社交属性较强，短视频社交属性较弱

正确答案：CD

答案解析：短视频内容类型很多，可以面向不同年龄段、不同阶层、不同消费品味的人。短视频社交属性强。

三、填空题

1. ________是指被摄主体和画面形象在屏幕框架结构中所呈现出的大小和范围，是画面的重要造型元素之一。

正确答案：景别

答案解析：景别是指由于摄影机与被摄体的距离不同，而造成被摄体在摄影机寻像器中所呈现出的范围大小的区别。一般由近至远分为特写、近景、中景、全景和远景。

2. ________是短视频的基本组成单位。

正确答案：镜头

答案解析：镜头是短视频的基本组成单位。镜头语言是通过运动镜头的方式来表现的，其应用技巧直接影响短视频的最终效果。

3. ________用来控制通光时间长短。

正确答案：快门

答案解析：快门是照相机用来控制感光片有效曝光时间的机构，是照相机的一个重要组成部分。

4. 一天中曝光量最大的时候是________。

正确答案：正午

答案解析：正午太阳直射角度最小，自然光线量最大，曝光量最大。

5. ________镜头适用于体育摄影。

正确答案：长焦

答案解析：一般情况下在比赛之中，摄影师都会与运动员保持一定距离，如若采取微距镜头、广角镜头与标准镜头，那么运动员主体就不能得到突出，长焦则可以最好地突出主体。

四、判断题

1. 顺光(又称正面光)的投射方向与拍摄方向一致。 (　　)

A. 正确　　　　B. 错误

正确答案：A

答案解析：光线位置，即光位，就是指光源相对于被拍摄主体位置，也就是光线方向与角度。同一被拍摄主体在不同的光位下会产生不同的明暗造型效果。光位主要分为顺光、逆光、侧光、顶光与脚光等。

顺光，又称正面光，光线的投射方向与拍摄方向一致。

逆光，又称背面光，指来自被拍摄主体后面的光线照明。

当光线投射方向与拍摄方向呈 90°角时，即为侧光。

顶光来自被拍摄主体顶部。在室外，最常见的顶光是正午的太阳光线；而在室内，较强的顶光投射在被拍摄主体上，未受光面就会产生阴影，强烈的阴暗对比可以反映出人物特殊的精神面貌和特定的环境、时间特征，营造一种压抑、紧张的气氛。

脚光可以填补其他光线在被拍摄主体下部形成的阴影，或者用于表现特定的光源特征和环境特点。如果将其作为主光，会给人一种神秘、古怪的感觉。

2. 对称构图法要讲究完全对称。 ( )

A. 正确　　B. 错误

正确答案：B

答案解析：对称构图法并不讲究完全对称。对称构图法，就是画面按照对称轴或对称中心使画面中的景物形成轴对称或者中心对称的构图方法，具有稳定、平衡、相呼应等特点，常用于表现对称物体、建筑物或具有特殊风格物体，可以给人带来一种庄重、肃穆的感觉。

3. 在光线不太好的情况下拍摄时，应该把感光度调低。 ( )

A. 正确　　B. 错误

正确答案：B

答案解析：光线不好时应提高感光度，来保证画面曝光准确。

4. 利用相机镜头特性，可以使画面表现出近大远小、近清晰远模糊、前虚后实或前实后虚的效果。 ( )

A. 正确　　B. 错误

正确答案：A

答案解析：相机镜头的焦距、光圈、焦点会决定图片远近关系、焦平面位置。

5. 仰拍可以表现出拍摄对象的高傲，甚至可以让画面充满霸气。 ( )

A. 正确　　B. 错误

正确答案：A

答案解析：仰角拍摄净化环境和背景，有利于主体突出。仰角拍摄人物可以使人物高大，凸显其形象，有赞美歌颂的意味在里面。仰角拍摄建筑，则可以体现建筑的宏伟、高耸。

更多练习二维码

8.3 实训任务

1. 自己写一个校园宣传片脚本。
2. 用自己手机按照第1题中脚本拍摄照片和视频素材。
3. 编辑第2题中照片和视频素材，制作完整校园宣传片。
4. 选择合适平台，发布制作好的宣传片。

第9章　信息检索与搜索引擎

9.1　知识点分析

信息检索是人们进行信息查询和获取的主要方式,是查找信息的方法和手段。掌握网络信息高效检索方法,是现代信息社会对高素质技术技能人才的基本要求。本章主要包括信息检索基础知识、搜索引擎使用技巧、专用平台信息检索等知识点。

9.1.1　信息检索

信息检索

1. 信息检索概念

信息检索是指将信息按一定方式组织和存储起来,并根据信息用户特定需要将相关信息准确地查找出来的过程。信息检索包括信息存储和信息检索两个过程。

信息存储:将大量无序信息集中起来,根据其外表特征和内容特征,经过加工,使其系统化、有序化,并按一定技术要求建成一个具有检索功能的工具或系统。

信息检索:运用检索工具或系统,从信息集合中查找并获取与用户提问相关的信息过程。

2. 信息检索的分类

(1) 按存储与检索对象可划分为文献检索、数据检索、事实检索。

(2) 按存储的载体和实现查找的技术手段为标准可划分为手工检索、计算机检索。

(3) 按检索途径可划分为直接检索、间接检索。

3. 检索方法

检索方法主要有普通法、追溯法和分段法。

4. 信息检索的基本流程

(1) 分析问题。

(2) 选择检索工具。

(3) 使用检索工具。

(4) 获取原文。

(5) 分析检索结果。

(6) 更改检索策略。

9.1.2　搜索引擎

搜索引擎是根据用户需求与一定算法,运用特定策略从互联网检索出指定信息并反馈给用户的一门检索技术。

搜索引擎基本结构一般包括搜索器、索引器、检索器和用户接口四个功能模块。

搜索引擎主要分为全文搜索引擎、元搜索引擎、垂直搜索引擎和目录搜索引擎。

常用的搜索引擎包括百度、Bing 等。

搜索引擎的使用技巧：使用加减号，在标题中查询(intitle 关键词)，在指定 URL 中查询(inurl 关键词)，在特定站点中查询(site 关键词)，指定文档格式(filetype 关键词)，精确匹配(双引号)，通配符。

9.1.3 信息检索方法

1. 布尔逻辑检索

利用布尔逻辑算符对检索词或代码进行逻辑组配，是信息检索系统中最基本、最常用的一种检索技术。

常用的布尔逻辑算符包括逻辑“或”、逻辑“与”和逻辑“非”。

(1) 逻辑“或”：用关系词 OR 表示，用来组配具有同义或同族关系的词，如同义词、相关词等。其含义是检出的记录中，至少含有两个检索词中的一个。其基本作用是扩大检索范围，增加命中文献量，防止漏检，提高检索结果查全率。

(2) 逻辑“与”：用关系词 AND 表示，是一种用于交叉和限定关系的组配。其含义是检出的记录必须同时含有所有检索词。其基本作用是缩小检索范围，减少命中文献量，有利于提高查准率。

(3) 逻辑“非”：用关系词 NOT 表示，是一种排斥关系的组配，用于在某一记录集合中排除含有某一概念的记录。逻辑“非”的基本作用是缩小检索范围，起到减少输出文献量的作用。

2. 截词检索

(1) 截词检索是预防漏检、提高查全率的一种常用检索技术。它主要用于英文数据库检索。常用的截词符包括“？”“＊”。

(2) 截词检索的分类。

根据词的截断位置划分为后方截词、前方截词和中间截词三种类型。

根据截断的字符数量划分为有限截断和无限截断两种类型。

3. 位置检索

(1) 用于规定检索词相互之间邻近关系，包括在记录中的顺序和相对位置。位置检索是一种增强逻辑与(AND)检索，一般用于全文数据库查询系统。

(2) 位置检索包括邻接检索、同句检索、同字段检索和同记录检索。

4. 限制检索

(1) 限制检索泛指检索系统中提供的缩小或约束检索结果的检索方法。

(2) 限制检索的分类。

字段检索：利用字段进行限制，如题名、摘要和全文等。通常的字段限制范围的大小顺序是：题名→关键词→摘要→全文。

二次检索：在前一次检索的结果中进行另一概念的检索。

9.1.4　专用信息检索平台

专用信息检索平台包括期刊、论文、专利、商标和数字信息资源平台等专用平台。

1. 期刊论文信息检索

(1) 中国知网(www.cnki.net)

(2) 万方数据知识服务平台(www.wanfangdata.com.cn)

2. 专利信息检索

(1) 中国专利信息获取途径

① 国家知识产权局官方网站(www.cnipa.gov.cn)

② 中国专利信息中心网站(www.cnpat.com.cn)

(2) 世界知识产权组织网站数据库(www.wipo.int/pct/zh)

(3) 欧洲专利局专利信息检索网站(worldwide.espacenet.com)

(4) 美国专利商标局网站(www.uspto.gov)

(5) SooPat 专利数据搜索引擎(www.soopat.com)

9.2　典型题目分析

一、单选题

1. 如图 9-1 所示,输入关键字“北京大学”进行检索,使用的信息检索方式为(　　)。

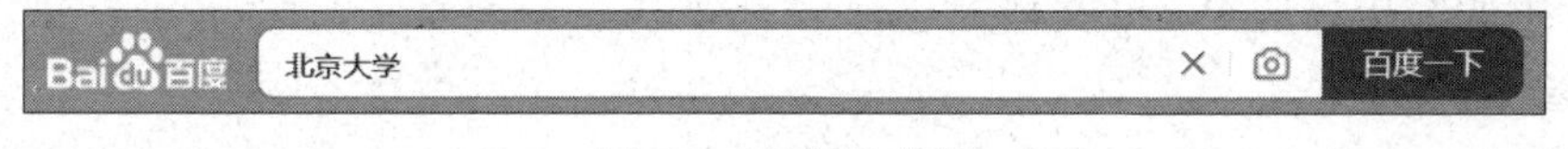

图 9-1　百度搜索框

A. 主题目录检索　　B. 搜索引擎

C. 元搜索引擎　　D. 文献检索

正确答案:B

答案解析:题中在百度搜索框中输入关键字“北京大学”进行搜索,是关键字搜索,也是搜索引擎搜索。不是按照分类进行主题目录检索,也不是多个搜索引擎一起搜索,更不是文献检索。

2. ISBN 中最后一个数字代表(　　)。

A. 地区码　　B. 出版社代码

C. 书序号　　D. 校验码

正确答案:D

答案解析:国际标准书号(international standard book number,ISBN)是专门为识别图书等文献而设计的国际编号。

ISBN 由 13 位数字组成,分 5 个部分:EAN(欧洲商品编号)图书产品代码 978 或 979,组号(国家、地区、语言的代号),出版社代码(由各国家或地区的国际标准书号分配中心分给各个出版社),书序号(该出版物代码,由出版社具体给出)和检验码(只有 1 位,从 0 到 9)。

3. 影响因子是评价(　　)的重要指标。

A. 图书　　B. 报纸　　C. 论文　　D. 期刊

正确答案：D

答案解析：影响因子(impact factor,IF)是汤森路透(Thomson Reuters)出品的期刊引证报告(journal citation reports,JCR)中的一项数据，即某期刊前两年发表论文在该报告年份(JCR year)中被引用总次数，除以该期刊在这两年内发表的论文总数。这是一个国际上通行的期刊评价指标。

4. (　　)是指未检出的相关信息量，与检索系统中实际与课题相关的信息总量的比率。

A. 查全率　　B. 查准率　　C. 误检率　　D. 漏检率

正确答案：D

答案解析：查全率是指检出的该检索主题相关文献量，与检索系统中该检索主题文献总量的比例。

查准率是指检出的该检索主题相关文献量，与检出文献总量的比例。

误检率是指检出与该检索主题不相关文献量，与检出文献总量的比例。

5. 检索求职简历的word文档，为了提高检索效果，要求“求职简历”出现在网页的标题中。比较合适的检索表达式是(　　)。

A. 求职简历

B. 求职简历 Word 文档

C. intitle:求职简历　filetype:doc

D. 求职简历标题 Word 文档

正确答案：C

答案解析：此题考查搜索引擎使用技巧。在标题中查询使用 intitle 关键词，在指定 URL 中查询使用 inurl 关键词，在特定站点中查询使用 site 关键词，指定文档格式使用 filetype 关键词。

二、多选题

1. 以下(　　)属于信息的基本特征。

A. 不可替代性　　B. 载体依附性

C. 可传递、共享性　　D. 价值性

正确答案：BCD

答案解析：信息的特点包括依附性(信息必须依附一定的媒体介质表现出来)；价值性(信息能够满足人们某些方面的需要)；时效性(信息会随着客观事物的变化而变化)；共享性(信息可以进行分享，如网络上的信息被人下载和利用)；传递性(信息的传递性打破了时间和空间的限制)等。

2. 下列属于一次文献的有(　　)。

A. 期刊论文　　B. 医学文献索引

C. 学位论文　　D. 科学报告

正确答案：ACD

答案解析：一次文献即原始文献，指直接记录研究工作者首创的理论、实验结果、观察到的新发现以及创造性成果的文献，最常见的是发表在期刊的论文、学术会议宣读的报告。目录、索引、文摘和题录等形式的检索工具就是二次文献。三次文献是指对有关的一次文献和二次文献进行广泛深入的分析、研究、综合概括而成的产物，如大百科全书、学科年度总结等。

3. 布尔逻辑运算符号“与”的作用在于(　　)。

A. 增加限制条件　　B. 缩小检索范围

C. 提高检索的专指性　　D. 提高查准率

正确答案：ABCD

答案解析：布尔逻辑运算符号“与”要求检索必须同时含有所有的检索词，才能为命中文献。逻辑“与”因缩小了检索范围，增加了检索的专指性，提高了查准率，文献命中量会减少。

4. 在以下逻辑运算中，属于缩小检索范围，减少命中文献篇数，提高查准率的运算是(　　)。

A. 逻辑“或”　　B. 优先算符　　C. 逻辑“与”　　D. 逻辑“非”

正确答案：CD

答案解析：逻辑“或”要求检出的记录中，至少含有两个检索词中的一个。逻辑“或”因放宽了检索范围，提高了查全率，文献命中量会增加。

逻辑“与”要求检索必须同时含有所有的检索词，才能为命中文献。逻辑“与”因缩小了检索范围，增加了检索的专指性，提高了查准率，文献命中量会减少。

逻辑“非”用于在某一记录集合中排除含有某一概念的记录。逻辑“非”能够缩小命中文献范围，增强检索的准确性。

5. 使用截词检索的作用在于(　　)。

A. 扩大检索范围　　B. 排除检索结果

C. 防止漏检　　D. 提高查全率

正确答案：ACD

答案解析：所谓截词检索，是指在检索标识中保留相同的部分，用相应的截词符代替可变化部分。检索中计算机会将所有含有相同部分标识的记录全部检索出来。常用“?”“*”符号表示。截词检索简化了检索步骤，扩大检索范围，是预防漏检、提高查全率的一种常用检索技术，但是可能会检出无关词汇，造成误检。

三、填空题

1. 主要的布尔逻辑关系符有三种：________、________和________。

正确答案：逻辑与、逻辑或、逻辑非

答案解析：逻辑与(AND)表示检索结果必须同时检中两个关键字。

逻辑或(OR)表示检索结果包含两个关键词中的任一个。

逻辑非(NOT)表示检索结果不包含该关键词。

2. 截词检索的截词符一般用________或________表示。

正确答案：?、*

答案解析：截词符代替可变化部分，一般检索中，用“*”代表多个字符，“?”代表单个字符。

3. 当检索关键词具有多个同义词和近义词时，容易造成________，使得________较低。

正确答案：漏检、查全率

答案解析：略

4. 小张从某一检索系统中检索出与检索课题相关的文献 50 篇，其查全率为 20%，查准率为 10%，检索系统内共有与检索课题相关的文献________篇。

正确答案：250

答案解析：查全率=(检出的相关信息数)/(检索系统中相关信息总数)×100%

代入数据，20%=50/(检索系统中相关信息总数)×100%

得出检索系统中相关信息总数=250

5. 全球最大的中文搜索引擎是________。

正确答案：百度

答案解析：略

四、判断题

1. 信息检索工具是影响信息检索效率的关键因素。（　　）

A. 正确　　　　B. 错误

正确答案：A

答案解析：略

2. 选择信息源是信息检索的第一步。（　　）

A. 正确　　　　B. 错误

正确答案：B

答案解析：信息获取过程的首要环节是明确信息需求。

3. 查全率和漏检率是一对互逆的检索指标。（　　）

A. 正确　　　　B. 错误

正确答案：A

答案解析：查全率是指检出的相关信息量与检索系统中实际与课题相关的信息总量的比率。

漏检率是指未检出的相关信息量与检索系统中实际与课题相关的信息总量的比率。

4. 在百度搜索时，使用 site 语法增加检索条件，缩小了结果范围，提高了查准率。（　　）

A. 正确　　　　B. 错误

正确答案：A

答案解析：利用 site 关键词，可以把搜索范围限定在特定站点中。

5. 搜索引擎检索器的主要功能是抓取信息。（　　）

A. 正确　　　　B. 错误

正确答案：B

答案解析：搜索器是抓取信息的，而检索器的功能是快速查找文档，进行文档与查询的相关度评价，对要输出的结果进行排序。

更多练习二维码

9.3 实训任务

针对“新一代信息技术前言”这一题目，分别在百度学术、百度文库和知网（或万方）进行检索，并将检索结果前三条截图。

第 10 章　虚拟现实技术与应用

10.1　知识点分析

虚拟现实(virtual reality,VR)技术是一种高端人机接口技术。虚拟现实技术采用了以计算机技术为核心的现代高新技术,生成逼真的视觉、听觉、触觉一体化虚拟环境,参与者通过借助必要装备,以自然的方式与虚拟环境中物体进行交互,并相互影响,从而获得等同真实环境的感受和体验。本章主要对虚拟现实特点、设备、应用和开发软件作了归纳,并给出练习题。

虚拟现实技术与应用 1

10.1.1　虚拟现实基本概念

1. 特征

虚拟现实技术有三个主要特征(3I 特征):沉浸性(immersion)、交互性(interaction)和构想性(imagination)。

沉浸是目的,交互和构想是手段。

沉浸性是指用户感受到被虚拟世界所包围,犹如置身于虚拟世界中。沉浸性是虚拟现实最终实现目标,其他两者是实现这一目标的基础,三者之间是过程和结果的关系。

虚拟现实技术与应用 2

交互性是指用户对模拟环境内物体的可操作程度和从环境得到反馈的自然程度。交互性的产生,主要借助于 VR 系统中特殊硬件设备(如数据手套、力反馈装置等),使用户能通过自然的方式,产生同在真实世界中一样的感觉。

构想性是指人构想出虚拟环境,这种构想体现出设计者相应的思想,可用来实现一定目标。

2. 组成

虚拟现实系统主要由三系统组成,如图 10-1 所示,分别是三维虚拟环境产生器及其显示部分、各种传感器构成的信号采集部分和各种外部设备构成的信息输出部分。

3. 发展历史

1) 孕育阶段

采用非计算机仿真技术,通过电子或者其他的手段进行动态的模拟,是蕴含虚拟现实思想的阶段。

2) 萌芽阶段

在 1972 年之前,这一时期是虚拟现实的萌芽阶段。1965 年 Ivan Sutherland 提出“应将计算的显示屏进化为观看虚拟世界的窗口”,并将该思想付诸现实。

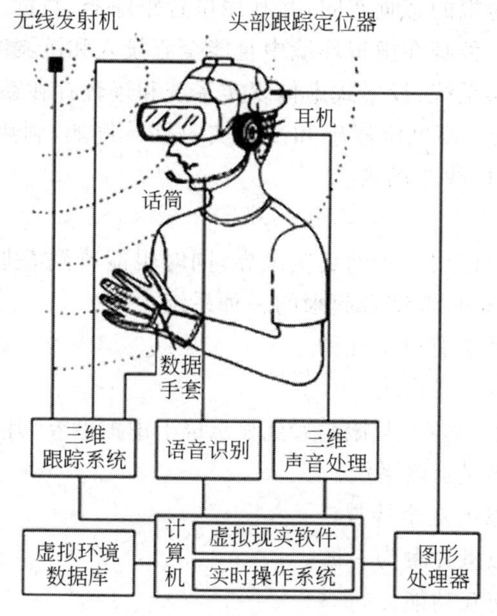

图 10-1　虚拟现实系统组成

3）产生形成阶段

这一阶段，主要是虚拟现实的概念正式提出，并且相关的技术在实际中得到应用。

4）理论完善和应用阶段

在 2014 年之前，虚拟现实技术一直在不断发展和完善，但是大部分应用在军事和实验室中。

5）普及推广阶段

2016 年被称为 VR 元年，VR 进入了购物体验、房产展览、展会、医疗等领域，成为新一代信息技术发展的热点之一。

4. 虚拟现实系统分类

在实际应用中，根据虚拟现实技术的沉浸程度的高低和交互程度的不同，将虚拟现实系统划分为以下 4 种类型。

1）桌面式 VR 系统

桌面式 VR 系统是利用个人计算机或图形工作站等设备，采用立体图形、自然交互等技术，产生三维立体空间的交互场景，利用计算机屏幕作为观察虚拟世界的一个窗口，通过各种输入设备实现与虚拟世界交互。

桌面式 VR 系统具有以下几个主要特点。

（1）缺少完全沉浸感，参与者不完全沉浸，因为即使戴上立体眼镜，仍然会受到周围现实世界的干扰。

（2）对硬件要求极低。

（3）应用比较普遍，因为它的成本相对较低。

2）沉浸式 VR 系统

沉浸式 VR 系统是利用头盔式显示器或其他设备，把参与者视觉、听觉和其他感觉封闭起来,并提供一个新的、虚拟的感觉空间,并利用位置跟踪器、数据手套、其他手控输入设备、声音等使得参与者产生一种身在虚拟环境中且能全心投入和沉浸其中的感觉。常见沉浸式系统有基于头盔式显示器系统、投影式虚拟现实系统和远程存在系统。

沉浸式 VR 系统特点:高度沉浸感和高度实时性。例如,利用头盔显示器和数据手套等交互设备,能够模拟飞机战斗场景。

3) 增强式 VR 系统

增强式 VR 系统既允许用户看到真实世界,同时也能看到叠加在真实世界上的虚拟对象,它是把真实环境和虚拟环境结合起来的一种系统。

常见的增强式 VR 系统有以下几种。

(1) 基于台式图形显示器系统。

(2) 基于单眼显示器系统(一只眼睛看到显示屏上虚拟世界,另一只眼睛看到真实世界)。

(3) 基于透视式头盔显示器系统。

增强式 VR 系统有以下三个特点。

(1) 真实世界和虚拟世界融为一体。

(2) 具有实时人机交互功能。

(3) 真实世界和虚拟世界在三维空间中整合。

4) 分布式 VR 系统

在沉浸式 VR 系统的基础上,将位于不同物理位置的多个用户或多个虚拟环境通过网络相连接,并共享信息,从而使用户协同工作达到一个更高境界。

分布式 VR 系统具有以下五个特点。

(1) 各用户具有共享虚拟工作空间。

(2) 伪实体行为真实感。

(3) 支持实时交互,共享时钟。

(4) 多个用户可用各自不同方式相互通信。

(5) 资源信息共享以及允许用户自然操纵虚拟世界中对象。

5. 发展趋势

未来虚拟现实技术主要发展方向包括以下几个方面。

(1) 动态环境建模技术。

(2) 实时三维图形生成和显示技术。

(3) 新型交互设备的研制。

(4) 大型网络分布式虚拟现实的研究与应用。

10.1.2 虚拟现实研究和产业

1. 国外研究现状

美国在 VR 领域基础研究主要集中在感知、用户界面、后台软件和硬件四个方面。

英国非常重视 VR 技术研究与开发,如分布式并行处理、辅助设备(触觉反馈设备等)设计、应用研究等方面,并且做到了在欧洲领先。

德国工业发达,虚拟现实技术研究与工业应用结合紧密,包括虚拟世界感知、虚拟环境控制和显示、机器人远程控制、VR 在空间领域应用、宇航员训练和分子结构模拟研究等方面。

日本主要致力于建立大规模 VR 知识库的研究，另外在 VR 游戏方面也做了很多研究和应用。

2. 国内研究现状

清华大学对虚拟现实及其临场感等方面进行了大量的研究。

北京科技大学开发出了纯交互式汽车模拟驾驶培训系统。

北京航空航天大学开发了直升机虚拟仿真器、坦克虚拟仿真器、虚拟战场环境观察器和计算机兵力生成器。

其他大学和研究机构基本上也都设了相应研究方向，在软硬件各个方面进行研究。

3. 目前虚拟现实技术的局限性

(1) 目前虚拟现实项目开发很费时间、人力、物力，这就导致虚拟现实项目开发制作成本比较高，从而影响了推广应用。

(2) 体验费用相对比较高。

(3) 部分用户使用 VR 设备会有眩晕、呕吐等不适之感。

(4) 虚拟现实以及增强现实会不会带来一系列恶性结果仍存疑，也存在一定道德伦理风险。

4. 三维、虚拟现实、仿真、增强现实

(1) 三维(3D)：在二维平面技术上发展起来的。人们利用光学原理，借助于人眼视差，在二维平面上实现了三维显示技术。只需要一个价格便宜的三维眼镜即可体验，因此现在在影院大量推广。

(2) 虚拟现实：以三维空间为基础发展起来的，虚拟现实的特征包括多感知性、沉浸感和交互性等，具有更广阔的应用前景。

(3) 仿真：一个大的概念，是利用模型复现实际系统中发生的本质过程，包括数学理论模型和物理实质模型。

(4) 虚拟仿真：将虚拟现实技术和仿真技术结合起来，通过软硬件的系统设计，以达到以假乱真的地步。

(5) 增强现实(augmented reality，AR)：该技术是在虚拟仿真的基础上，对硬件设备进行加强，以提升人们的各项能力。

10.1.3　虚拟现实的关键技术

1. 各种立体高清显示技术

立体高清显示技术分为立体眼镜显示法、立体头盔显示法和裸眼立体显示法。

其中立体眼镜显示法分为彩色眼镜法、偏振光眼镜法和液晶光阀眼镜法。

2. 三维建模技术

建模是对现实对象或环境的虚拟，对象建模主要研究对象的形状和外观的仿真。环境建模主要涉及物理建模、行为建模和声音建模等。

几何建模方法是对物体对象的虚拟，主要是对物体几何信息的表示和处理，描述虚拟对象的几何模型[如多边形、三角形、定点以及它们的外表(纹理、表面反射系数、颜色)等]。

物理建模是虚拟现实中较高层次的建模，它需要物理学和计算机图形学的配合，涉及力学反馈问题，重要的是重量建模、表面变形和软硬度的物理属性的体现。分形技术和粒子系统就是典型的物理建模方法。

几何建模主要表现虚拟对象在虚拟世界中的动态特性,而有关对象位置变化、旋转、碰撞、手抓握、表面变形等方面的属性就属于运动建模问题,通常涉及对象的移动、伸缩和旋转。

3. 三维虚拟声音技术

三维虚拟声音具有全向三维定位和三维实时跟踪两大特性。

在虚拟现实系统中,语音应用技术主要是指基于语音进行处理的技术,主要包括语音识别技术和语音合成技术,它是信息处理领域的一项前沿技术。

4. 人机交互技术

在虚拟实领域中较为常用的交互技术主要包括手势识别、面部表情识别、眼动跟踪和语音识别等。

5. 虚拟现实引擎工具

虚拟现实的引擎是给这个虚拟现实技术提供强有力支持的一种解决方案,虚拟现实技术的解决方案有硬件和软件,为了实现制定的解决方案,就得制作出实现这种解决方案的硬件系统或软件系统,而实现的软件系统,就是虚拟现实引擎。

(1) Virtools(简称 VT):法国重量级引擎,世博会指定引擎。VT 扩展性好,可自定义功能,可接外设硬件。

(2) Unity3D(简称 U3D):高端大型引擎,现在可运行于 Mac 系统和 Windows 系统。基于代码的功能设置,制作友好的互动,画面效果好。可方便连接数据库,可做些多人在线的作品。

(3) VRP:中国本土大型引擎,中视典公司的力作。目前已经支持一些 HDR 运动模糊之类的效果了,定位比较明确,主要面向房地产行业。主要开发网络插件与专用物理引擎等,现在已经可以扩展到其他应用领域。

(4) WebMax:仅次于 VRP 的国产引擎。效果好、文件小,互动同样需要用代码实现。WebMax 适合做些功能稍微简单的网络产品演示。

10.1.4 虚拟现实系统的硬件设备

1. 虚拟现实系统的生成设备

虚拟现实的生成设备是用来创建虚拟环境、实时响应用户操作的计算机。可分为高性能个人计算机、高性能图形工作站、巨型机和分布式网络计算机。

2. 虚拟现实系统的输入设备

虚拟现实的输入设备用来输入用户发出的动作,使用户可以驾驭一个虚拟场景,在与虚拟场景进行交互时,利用大量的传感器来管理用户的行为,并将场景中的物体状态反馈给用户。输入设备包括跟踪定位设备,人机交互设备(如三维鼠标、数据手套、数据衣)和快速建模设备。

3. 虚拟现实系统的输出设备

输出设备必须能将虚拟世界中各种感知信号转变为人所能接受的视觉、听觉、触觉、味觉等多通道刺激信号。输出设备包括视觉感知设备、听觉感知设备和触觉感知设备等,诸如头盔显示器、吊杆式显示器、洞穴式显示器、响应工作台显示设备、墙式投影显示设备、立体眼镜显示系统和三维显示器。

10.1.5　虚拟现实开发软件和语言

1. 三维设计软件

目前常用三维软件很多,不同行业有不同的软件,各种三维软件各有所长,可根据工作需要选择。比较流行的三维软件如 Rhino(犀牛)、Maya、3ds Max、Softimage/XSI、Lightwave 3D、Cinema 4D、PRO-E 等。

Rhino 是基于 NURBS 的三维建模软件,Rhino 的优势在于建模精准度非常高,并且具有高度扩展性,可融入参数进行逻辑编程,利于工业化产品形态和曲面建筑的推敲。Rhino 可以建立不同程序之间的联系,与一些插件建立链接之后可以做动画、写程序和批量出渲染图。Rhino 适合做一些机械感或者工业产品的建筑,类似于参数化表皮的建筑或者有机建筑等。

Maya 是一款三维动画软件,应用对象是专业的影视广告、角色动画和电影特技等。在角色建立和动画方面也更具弹性,在渲染方面真实感极强,被称为电影级别的高端制作软件。Maya 功能完善,工作灵活,易学易用,制作效率极高,渲染真实感极强。

3ds Max 是一款三维动画渲染和制作软件,有大量不同的修改器库,3ds Max 可以使新建或中级 3D 艺术家的建模过程更容易一些。其主要特点是:渲染效果好、渲染速度快,同时能够保证渲染画面的逼真度;采用工作流模式,可以通过相应的插件从外部导入模型;建模能力强,3ds Max 使用曲面细分技术、柔性选择变换技术、曲面工具及 NURBS 曲面建模技术,不仅增强了模型的真实性,而且使模型渲染后效果更佳。

2. 虚拟现实建模语言

VRML 即虚拟现实建模语言,是 virtual reality modeling language 的简称,本质上是一种面向 Web、面向对象的三维造型语言,也是一种解释性语言,还是一种用于建立真实世界的场景模型或人们虚构的三维世界的场景建模语言,也具有平台无关性。VRML 是目前 Internet 上基于 WWW 的三维互动网站制作的主流语言,是一种国际标准,其规范由国际标准化组织(ISO)定义。

在构建 Web 虚拟场景方面,VRML 具有很强的能力,并且由于可以嵌入 Java、JavaScript 等脚本语言,其表现能力得到极大的扩充。更为重要的是,它能够实现人机交互,实现动画,形成更为逼真的虚拟环境。

VRML 融合了二维和三维图像技术、动画技术和多媒体技术,借助于网络的迅速发展,构建了一个交互的虚拟空间。VRML 技术和其他的计算机技术进行结合,可以在 Web 环境中创建虚拟城市、虚拟校园、虚拟图书馆以及虚拟商店等。

10.1.6　虚拟现实开发实时绘制技术

1. 实时三维图形绘制技术

实时三维图形绘制技术指利用计算机为用户提供一个能从任意视点及方向实时观察三维场的手段,它要求当用户的视点改变时,图形显示速度也必须跟上视点的改变速度,否则就会产生迟滞现象。

2. 基于几何图形的实时绘制技术

目前,用于降低场景的复杂度,以提高三维场景的动态显示速度的常用方法有预测计算、脱机计算、场景分块、可见消隐、细节层次模型。

3. 基于图像的绘制技术

基于图像的绘制技术(image based rending,IBR)是采用一些预先生成的场景画面,对接近于视点或视线议程的画面进行交换、插值与变形,从而快速得到当前视点处的场景画面。

与基于几何的传统绘制技术相比,基于图像的实时绘制技术的优势如下。

(1) 图形绘制技术与场景复杂性无关,仅与所要生成画面的分辨率有关。

(2) 预先存储的图像(或环境映照)既可以是计算机生成的,也可以是用相机实际拍摄的画面,还可以是两者的混合。

(3) 对计算机的资源要求不高,可以在普通工作站和个人计算机上实现复杂场景的实时显示。

10.2 典型题目分析

一、单选题

1. 能够再现或者预先展示旅游景观的技术是(　　)。

A. 虚拟/增强现实技术　　B. 定位技术

C. 云计算技术　　D. 移动通信技术

正确答案:A

答案解析:虚拟现实技术主要用来生成逼真的视觉、听觉、触觉一体化虚拟环境,非常适合景区向社会进行宣传。游客可以借助虚拟现实设备,通过网络提前对景区进行体验,获得等同真实环境的感受和体验。

2. 以下不属于虚拟现实建模软件是(　　)。

A. 玛雅(Maya)　　B. 犀牛(Rhin)　　C. 3ds Max　　D. Office

正确答案:D

答案解析:Office 是办公自动化工具软件,主要用于文档处理,其余都是建模工具软件。

3. 以下用于虚拟现实交互功能开发的软件是(　　)。

A. Office　　B. 快剪辑　　C. Unity　　D. Photoshop

正确答案:C

答案解析:Unity 由丹麦的 Unity Technologies 公司开发,开发者可以在 Unity 上开发多种类型的互动内容。

4. 虚拟现实技术的核心是(　　)。

A. 收集信息　　B. 虚拟环境的建立

C. 系统集成　　D. 连接设备

正确答案:B

答案解析：虚拟环境的建立是虚拟现实技术的核心内容，目的就是获取实际环境的三维数据，并根据应用需要建立相应虚拟环境模型。

5. 计算机屏幕或者 VR 眼镜能够产生立体视觉的原因是(　　)。

A. 人通过双眼视物，两眼空间位置不同，产生了立体视觉

B. 画面通过立体展现

C. 人处于立体环境中

D. 由于使用虚拟现实设备

正确答案：A

答案解析：显示设备从这个角度入手，为双眼提供了不同的图像，从而使双眼产生了视差像，实现了立体显示。

二、多选题

1. 虚拟现实技术的特征是(　　)。

A. 沉浸性　　B. 交互性　　C. 构想性　　D. 增强性

正确答案：ABC

答案解析：虚拟现实技术有三个主要特征：沉浸性、交互性和构想性，并不包括增强性。

2. 根据沉浸和交互程度的不同，虚拟现实技术分为(　　)类型。

A. 沉浸式　　B. 桌面式　　C. 增强式　　D. 分布式

正确答案：ABCD

3. 虚拟现实技术演变发展史大体上可以分为(　　)阶段。

A. 20 世纪 50 年代至 70 年代是虚拟现实技术的萌芽阶段，虚拟现实还没有形成完整的概念，处于探索阶段

B. 1974 年至 1989 年是虚拟现实技术从实验室走向系统化实现阶段，虚拟现实技术的概念逐渐形成和完善

C. 从 1990 年开始是虚拟现实技术快速发展和完善阶段，此阶段与虚拟现实技术密切相关的计算机软硬件系统迅速发展，从而推动虚拟现实技术在各行业领域广泛应用

D. 从 2017 年开始进入虚拟现实技术完善阶段，虚拟现实技术已经走进了千家万户

正确答案：ABC

答案解析：虚拟现实技术至今仍然只在一些行业领域和部分用户中应用，并没有普及到千家万户。

4. 虚拟现实技术是以下(　　)技术的集合。

A. 计算机图形技术　　B. 计算机仿真技术

C. 人机接口技术　　D. 多媒体技术

E. 传感技术

正确答案：ABCDE

5. 虚拟现实技术当前主要的应用产品有(　　)。

A. VR 眼镜　　B. VR 头盔　　C. VR 一体机　　D. VR 计算机

正确答案：ABC

答案解析：目前虚拟现实产品没有VR计算机，不过为了追求VR流畅，需要配置较高计算机支持虚拟现实技术。

三、填空题

1. VR系统中常用的立体显示设备可分为________、________和________三大类。

正确答案：固定式、头盔式、手持式

2. 虚拟现实系统可以有多种输入设备，________、________、________是常见的三种。

正确答案：手柄、数据手套、三维鼠标

3. 立体显示技术是虚拟现实核心技术之一，实现立体显示方式方法有多种，________、________、________是三种常见方法。

正确答案：互补色、时分式、光栅式

答案解析：显示设备使双眼产生了视差像，实现了立体显示，具体实现方法包括但不限于互补色/偏振光/时分式/光栅式/真三维显示等。

4. 由于人类两眼视物存在________，使大脑能将两眼所得到的图像进行融合，从而在大脑中产生空间感的立体物体视觉。

正确答案：视差

答案解析：略。

5. 刚体在三维空间中的运动，具有________个平移和________个转动自由度(又称为6DOF)。

正确答案：三、三

答案解析：刚体在三维空间可以沿着X、Y、Z轴平移，并且有偏航、俯仰、滚动三个自由度。

四、判断题

1. 虚拟现实技术已经比较广泛地应用，不需要再开拓创新了。 ( )

A. 正确　　B. 错误

正确答案：B

答案解析：虚拟现实技术现在还刚起步，需要大量的开拓创新工作。

2. 电子游戏属于虚拟现实产品。 ( )

A. 正确　　B. 错误

正确答案：B

答案解析：电子游戏和虚拟现实有一定区别，虚拟现实技术可以运用在电子游戏中，以增强娱乐性和用户体验性，但不是所有电子游戏都应用了虚拟现实技术。

3. 虚拟现实技术有强大发展前景，可以应用在教育与训练(仿真教学与实验、特殊教育、多种专业训练、应急演练和军事演习)、设计与规划、科学计算可视化、商业、艺术与娱乐等领域。 ( )

A. 正确　　B. 错误

正确答案：A

答案解析：略。

4. 虚拟现实企业要服务于社会发展，不能以营利为目的。 ( )

A. 正确　　B. 错误

正确答案：B

答案解析：虚拟现实可被用于商业用途，如在商品销售、游戏娱乐等方面。

5. 虚拟现实技术中声音的特点有全向三维定位和三维实时跟踪两个特性。　　（　　）

A. 正确　　　　B. 错误

正确答案：A

答案解析：略。

更多练习二维码

10.3　实训任务

1. 查看网上关于 VR 资料制作教程，自制一个 VR 眼镜，并用其观看网上一些 VR 展馆。

2. 条件允许的话，到商场或者游乐园进行 VR 体验，并写出体验感受。

第 11 章　物联网技术与应用

11.1　知识点分析

物联网是指通过信息传感设备，按约定协议，将物体与网络相连接，物体通过信息传播媒介进行信息交换和通信，实现智能化识别、定位、跟踪、监管等功能的技术。物联网是继计算机、互联网和移动通信之后新一轮信息技术革命。本章主要包括物联网基础知识、物联网体系结构和关键技术、物联网系统应用等知识点。

物联网 1

11.1.1　物联网的概念和应用

1. 概念

物联网有以下几种定义。

(1) 欧盟定义：将现有互联的计算机网络扩展到互联的物品网络。

物联网 2

(2) 2010 年中国政府工作报告中定义：物联网是指通过信息传感设备，按照约定协议，把任何物品与互联网连接起来，进行信息交换和通信，以实现智能化识别、定位、跟踪、监控和管理的一种网络。它是在互联网基础上延伸和扩展的网络。

(3) 国际电信联盟(ITU)在 2005 年的《ITU 互联网报告 2005：物联网》中将“物联网”定义为：一个无所不在的计算及通信网络，在任何时间、任何地方、任何人、任何物体之间都可以相互联结。

物联网 3

(4) 物联网(Internet of things，IoT)的基本定义：通过射频识别(RFID)、红外感应器、全球定位系统、激光扫描器等信息传感设备，按约定的协议，将任何物品通过有线或无线方式与互联网连接，进行通信和信息交换，以实现智能化识别、定位、跟踪、监控和管理的一种网络。

2. 应用

物联网主要应用领域包括智能家居、智能交通、智能农业、智能工业、智能物流、智能电力、智能医疗和智能安防等。随着技术进步，物联网应用场景将不断拓展。

物联网 4

物联网是技术驱动型行业，技术升级与融合直接推动了市场发展。5G、人工智能和区块链等技术逐步进入物联网行业中，加快行业发展步伐。

5G 技术在物联网行业应用，主要是以 5G 技术为传输层的核心传输技术，将感知层采集的信息进一步传输与交换，以实现人与物、物与物互通互联。5G 高带宽、低时延和高移动性等优势将为物联网应用推广提供必要通信基础。

人工智能技术是一种模拟、延伸和扩展人类智能的技术科学，其自然语言处理技术和深度学习技术在物联网中有广泛应用,显著提升物联网智能化水平。“AI+物联网”是物联网未来发展重要趋势,人工智能技术还可嵌入更多物联网应用场景,实现人工智能和物联网充分赋能融合。

区块链技术去中心化结构和数据加密特点有效地提升了物联网信息安全防护能力。“区块链+物联网”提升了分布式数据安全性、可靠性和可追溯性,也提升了信息流通性,让价值有序地在人与人、物与物以及人与物之间流动。目前区块链在物联网领域应用主要包括智慧城市、工业互联网、物联网支付、供应链管理、物流、交通、农业和环保等。

11.1.2 感知层、网络层和应用层

物联网系统划分为感知层、网络层和应用层三个层次。

(1) 感知层:相当于人的感知器官,物联网依靠感知层识别物体和采集信息。感知层以传感器、二维码、条形码、RFID和智能装置等作为数据采集设备,并将采集到的数据通过通信子网的通信模块和延伸网络,与网络层网关交互信息。

(2) 网络层:感知层和应用层的连接纽带,由各种私有网络、互联网、有线和无线通信网、网络管理系统以及云计算平台等组成,相当于人的神经中枢和大脑,负责传递、处理和融合感知层获取的信息,实现感知层数据和控制信息双向传送、路由和控制。

(3) 应用层:包括数据智能处理子层、应用支撑子层,以及各种具体物联网应用,是物联网和用户(包括人、组织和其他系统)的接口,它与行业需求结合,能够针对不同用户、不同行业的应用,提供管理平台和运行平台,与不同行业的专业知识和业务模型相结合,实现更加准确和精细的智能化信息管理,实现物联网智能应用。

11.1.3 感知层关键技术

感知层中主要包括传感器、RFID、二维码、智能设备、摄像头、GPS设备和生物识别等关键技术。

1. 传感技术

传感器是能感受规定信号的器件或装置,这些信号可以被测量,且能够按照一定规律转换成可用信号。通常由敏感元件和转换元件组成。在物联网感知层中,传感器利用技术实现对光、色、温度、压力、声音、湿度、气味及辐射等信息的感知和测量。

传感技术已成为信息获取与信息转换的重要技术,是新一代信息技术的基础技术之一。以传感器为核心的检测系统就像神经和感官一样,源源不断地向人类提供宏观与微观世界的种种信息,成为人们认识自然、改造自然的有力工具。

2. RFID技术

无线射频识别(radio frequency identification,RFID)技术也被称为电子标签技术,它通过无线射频信号实现非接触方式下的双向通信,完成对目标对象的自动识别和数据的读写操作。RFID技术具有无接触、精度高、抗干扰、速度快以及适应环境能力强等显著优点,在传感技术被广泛应用之前,RFID技术就已经在物联网技术上得到了大量应用,广泛应用于门禁管理、物品追踪、物流管理、高速ETC、危化品管控和医疗电子病历等场景。

一套完整的RFID系统由电子标签(tag)、读写器(reader)和数据管理系统组成。系统工作过程如下。

(1) 需要读写数据时,读写器通过发射天线发送一定频率的射频信号。当射频卡进入发射天线工作区域时产生感应电流,射频卡获得能量,从而被启动。

(2) 含有RFID芯片的射频卡在启动之后,通过获取的能量将自身编码等信息通过卡内天线发送出去。

(3) 当读写器接收天线接收到从射频卡发送来的载波信号时,经天线调节器将信号传送到读写器,读写器对接收的信号进行解调和译码,然后通过网络送到后台软件系统进行处理。

(4) 由后台软件系统根据逻辑运算判断该卡的合法性,针对不同设定做出相应处理和控制,发出指令信号控制执行相应动作。

3. 二维码技术

二维码是目前常见的在物体上传递信息的一种技术手段,是用某种特定几何图形按一定规律在平面上分布、黑白相间、记录数据符号信息的图形。二维码属于条形码的一种。

条形码(bar code)是将宽度不等的多个黑条和空白,按照一定编码规则排列,用于表达一组信息图形标识符。

二维码技术主要包括二维码、识读设备和应用系统。

二维码技术应用广泛,应用场合主要包括:移动支付、物流管理、无人售货、防伪溯源、信息获取和会员管理等。

11.1.4 网络层关键技术

网络层基本上综合了已有的全部网络形式,包括各种私有网络、互联网、有线和无线通信网以及网络管理系统等。在实际应用中,信息往往经由任何一种网络或几种网络组合形式进行传输,来构建更加广泛的"互联"。网络层包含实现接入功能的接入网和实现传输功能的传输网。传输网一般是骨干网,和互联网重合;接入网主要包括NB-IoT网络、Wi-Fi网络、ZigBee、蓝牙和NFC等。

1. Wi-Fi网络

Wi-Fi是一种短距离无线通信技术,主要用作无线局域网通信。Wi-Fi技术使用了2.4GHz附近频段,实质是数字信号与无线电信号的转换,发送方与接收方分别实现了转换与还原数据内容的功能。Wi-Fi具有安装简单、成本低、传输速度快等优点,信号覆盖半径可达100m左右,传输速度可达到百兆以上,并且属于无线局域网数据传输,不产生额外费用,符合个人和社会信息化的需求,因此在众多无线通信技术中,Wi-Fi通信技术广受欢迎。

Wi-Fi网络建设非常简单,大部分普通环境都可设置,只有两个设备。一是AP(wireless access point,无线访问接入点),即用于无线网络的无线交换机,是无线网络的核心,Wi-Fi的覆盖距离和效率主要由AP决定,有时也起到路由器作用。二是具有Wi-Fi模块的终端设备,如手机、平板电脑、打印机、投影仪、智能家居设备和智能家电等。

2. 蓝牙

蓝牙(bluetooth)是一种支持设备短距离通信(一般10m内)的无线电技术。能在包括移动电话、掌上电脑、无线耳机、笔记本电脑和相关外设等众多设备之间进行无线信息交换。蓝牙采用分散式网络结构以及快跳频和短包技术,支持点对点及点对多点通信,工作在全球通用的2.4GHz ISM(工业、科学和医学)频段。

蓝牙技术主要应用在手机、平板电脑、耳机、数字照相机、数字摄像机和汽车套件等方面。由于物联网技术的发展，蓝牙技术也广泛应用在微波炉、洗衣机、电冰箱和空调机等传统家用电器和工业机器人等领域。

蓝牙操作非常简单，一般通过一次适配，之后相关设备在开机后便可以直接建立联系。蓝牙利用其自身组网方式，不需要用户配置网络，也不需要解决一些繁杂的兼容性问题，就可以轻松建立网络连接。因此蓝牙使电子通信设备之间建立通信和数据传输变得非常便捷，是目前很多近距离无线通信网络推广和应用的基础。

3. ZigBee

ZigBee 是一种低速、短距离的双向无线网络通信方式，是由最多 65535 个无线数传模块组成的高可靠性无线传输网络平台，底层采用 IEEE 802.15.4 标准协议，主要用于距离短、功耗低且传输速率不高的各种电子设备之间，进行数据传输以及典型的周期性数据、间歇性数据和低反应时间数据传输应用。

ZigBee 的主要特点是低速、低耗电、低成本、低复杂度、快速、可靠、安全以及支持大量网上节点和支持多种网上拓扑。在整个网络范围内，每一个 ZigBee 网络数传模块之间可以相互通信，每个网络节点间的距离可以从标准的 75m 无限扩展。

ZigBee 可以在 2.4GHz/915MHz/868MHz 这三个频段完成工作，分别具有 250kb/s、40kb/s 和 20kb/s 的传输速率。工作原理类似于 CDMA 和 GSM 网络，ZigBee 数传模块类似于移动网络基站。通信距离从标准的 75m 到几百米、几千米，并且支持无限扩展。

ZigBee 技术主要应用于工业、家庭自动化、遥测遥控、汽车自动化、农业自动化和医疗护理等领域，典型应用包括灯光自动化控制、传感器的无线数据采集和监控、油田、电力、矿山和物流管理等。

4. NB-IoT 网络

窄带物联网（narrow band Internet of things，NB-IoT）是一种射频带宽仅为 180kHz 的基于蜂窝网络的无线接入技术。不同于无许可频谱通信技术，NB-IoT 技术是基于通信运营商的一种许可频谱无线通信技术，符合国际化标准组织（3GPP）制定的窄带蜂窝技术标准，是一种长距离的远程移动通信技术。适合移动物体或者偏远地区的物体接入互联网中，能够同样实现相关功能的网络技术，也不同于一些没有得到许可的接入方式，如 LoRa（long range radio，远距离无线电）等低功耗广域技术。3GPP 的设计目标是设备电池长续航、复杂性低、成本低、能够支持海量设备以及覆盖范围大大增强。

NB-IoT 具备以下四大特点。

（1）覆盖面广泛，能够接入移动网络，这大大提高了区域覆盖能力，同时改进了室内覆盖，在同样频段下，NB-IoT 比现有网络增益 20dB，相当于提升了 100 倍覆盖区域能力。

（2）连接数量多，NB-IoT 一个扇区能够支持 10 万个连接，支持低延时敏感度、超低设备成本、低设备功耗和优化网络架构。

（3）功耗非常低，一个 NB-IoT 终端模块待机时间理论上可长达 10 年。

（4）成本低，模块价格较低且由于数据量不大，通信费用也比较低，企业预期单个接连模块的成本在 50 元以内。

5. NFC

NFC（near field communication，近距离无线通信）是一种短距离通信技术，NFC 是在

RFID 基础上来说发展而来,NFC 从本质上来说与 RFID 没有太大区别,都是基于地理位置相近的两个物体之间的信号传输。NFC 最大优势就是功耗更少,连接速度更快,且向下兼容射频识别技术。两个 NFC 终端能够依靠其电感耦合技术,在 0.1s 内建立起连接,但是数据传输速度最高仅为 424kb/s,在 10cm 内范围内实现通信。

11.1.5 应用层关键技术

1. 云计算平台

云计算平台主要解决数据如何存储、如何检索、如何使用,以及数据安全与隐私保护等问题。平台管理层负责把感知层收集到的信息,通过大数据、云计算等技术进行有效整合和利用,为人们应用到具体领域提供科学有效的指导。

云计算技术在物联网体系架构中的作用如下。

(1) 物联网感知层感应终端数量巨大,尽管单个感应终端数据量较小,但是基于某个场景,仍然能够产生大量数据。单独计算机或者服务器难以处理如此大的数据量,因此,大部分物联网应用需要云计算技术作为数据存储和处理的平台进行支持。

(2) 感知层数据通过各种各样的网络最终汇聚到一起,有利于云存储获取数据。云计算强大的数据处理能力,能够为各种应用场景提供有力支持。

(3) 云计算平台处于数据传输中端,将其作为基础支撑平台,划归为网络层也是可以的。网络层和应用层之间没有严格的划分,因为云计算平台本身就分为多层:基础设施即服务(infrastructure as a service,IaaS)层、平台即服务(platform as a service,PaaS)层、软件即服务(software as a service,SaaS)层。

2. 物联网中间件

中间件是介于应用系统和系统软件之间的一类软件,它使用系统软件所提供的基础服务,衔接网络上应用系统的各个部分或不同应用,能够达到资源共享、功能共享的目的。物联网中间件将各种公用能力进行统一封装,提供给物联网应用软件使用。在基于物联网构建的信息网络中,中间件主要作用于分布式应用系统,使各种技术相互连接,实现各种技术之间的资源共享。作为一种独立软件,中间件分为两个部分:一是平台部分,二是通信部分。利用这两个部分,中间件可以连接两个独立应用程序,即使没有相应接口,也能实现这两个应用程序的相互连接。

中间件解决了物联网领域资源共享问题,它不仅能实现多种技术之间资源共享,也可实现多种系统之间资源共享,类似于一种能起到连接作用的信息沟通软件。利用这种技术,物联网潜能将被充分发挥出来,形成一个资源高度共享、功能异常强大的服务系统。

3. 应用程序

应用程序就是用户最终直接使用的各种应用,如智能操控、智能安防、智能抄表、远程医疗和智能农业等。

11.1.6 发展趋势

尽管物联网技术与应用已经取得巨大发展,但仍面临标准、安全、盈利、法律法规和商业模式等问题。作为未来智慧社会的硬件基础,随着芯片、网络通信和人工智能等技术进步,物联网将创造更广泛的应用场景,迎来更广阔的发展前景。

11.2　典型题目分析

一、单选题

1. 能够组成无线传感网的传感器必须具备(　　)。

A. 传感器模块、处理器模块、无线通信模块和电源模块

B. 传感器模块、处理器模块、无线通信模块和晶振模块

C. 传感器模块、处理器模块、有线通信模块和电源模块

D. 传感器模块、存储器模块、无线通信模块和电源模块

正确答案：A

答案解析：无线传感网是由大量静止或移动的传感器，以自组织和多跳方式构成无线网络，目的是协作采集、处理和传输网络覆盖地域内感知对象监测信息，并报告给用户。能组成无线传感网的传感器必须具备以下四个模块：传感器模块、处理器模块、无线通信模块和电源模块。

2. Wi-Fi 覆盖距离和效率主要由(　　)决定。

A. AP(无线访问接入点)　　B. 蓝牙

C. 具有 Wi-Fi 模块的终端设备　　D. 手机

正确答案：A

答案解析：AP(wireless access point，无线访问接入点)，也就是一个用于无线网络的无线交换机，是无线网络的核心，Wi-Fi 的覆盖距离和效率主要就是由 AP 决定，有时候也起到路由器的作用。

3. 目前家庭无线局域网通信采用的最主要的方式是(　　)。

A. Wi-Fi　　B. 蓝牙　　C. NFC　　D. ZigBee

正确答案：A

答案解析：Wi-Fi 是一种短距离无线通信技术，主要用作无线局域网通信。Wi-Fi 具有安装简单、成本低、传输速度快等优点，信号覆盖半径可达 100m 左右，传输速度可达百兆以上，并且属于无线局域网数据传输，不产生额外费用，符合个人和社会信息化的需求，因此在众多无线通信技术中，Wi-Fi 通信技术广受欢迎。

4. 大部分物联网的应用需要(　　)技术作为数据存储和处理的平台来支持。

A. 区块链　　B. 人工智能　　C. 5G　　D. 云计算

正确答案：D

答案解析：物联网感知层感应终端数量巨大，尽管单个感应终端数据量较小，但是基于某个场景，仍然能够产生大量数据。单独的计算机或者服务器难以处理如此大数据量，因此，大部分物联网应用需要云计算技术作为数据存储和处理平台进行支持。

5. 物联网中间件是介于应用系统和系统软件之间的一类软件，它使用(　　)所提供的基础服务，衔接网络上应用系统的各个部分或不同应用，能够达到资源共享、功能共享的目的。

A. 应用系统　　B. 系统软件　　C. 网络层　　D. 应用层

正确答案：B

答案解析：物联网中间件是介于应用系统和系统软件之间的一类软件，它使用系统软件所提供的基础服务，衔接网络上应用系统各个部分或不同应用，能够达到资源共享、功能共享的目的。

二、多选题

1. 物联网的三层架构包括(　　)。

A. 传输层　　B. 感知层　　C. 网络层　　D. 应用层

正确答案：BCD

答案解析：物联网体系架构包括感知层、网络层、应用层。

2. 物联网中的“物”需满足的条件包括(　　)

A. 有数据传输通路，能够实现数据的输送

B. 不需要有专门的应用程序

C. 遵循物联网的通信协议

D. 有 CPU

正确答案：ACD

答案解析：“物”要满足以下条件才能够被纳入“物联网”的范围：有数据传输通路，能够实现数据的输送；有一定的存储功能；有 CPU；有信息接收器；有操作系统；有专门的应用程序；遵循物联网的通信协议；在世界网络中有可被识别的唯一编号。

3. 物联网感知层中最为常见的三项技术包括(　　)。

A. 传感技术　　B. 二维码技术　　C. ZigBee 技术　　D. RFID 技术

正确答案：ABD

答案解析：物联网感知层中主要包括传感器、RFID、二维码、智能设备、摄像头、GPS 设备、生物识别等关键技术。

4. RFID 技术在物联网技术上的应用场景包括(　　)。

A. 物流方面，能够实现行李识别、存货、物流运输管理

B. 建设 ETC 系统，实现高速公路快速收费

C. 制成卡片实现门禁管制

D. 作为网站链接地址方便下载

正确答案：ABC

答案解析：RFID 技术在物联网技术上的应用场景，包括制成卡片实现门禁管制，方便对动物监控与生态追踪，物流方面能够实现行李识别、存货、物流运输管理，建设 ETC 系统并实现高速公路快速收费，在医疗行业中可以支持电子病历，危险品、危化品的管控和追踪。

5. 物联网感知层接入网络层的方式包括(　　)。

A. Wi-Fi 网络　　B. 蓝牙　　C. 5G　　D. ZigBee

正确答案：ABD

答案解析：物联网网络层包含实现感知层接入功能的接入网和实现传输功能的传输网。传输网一般是骨干网，与互联网重合；接入网包括 NB-IoT 网络、Wi-Fi 网络、ZigBee、蓝牙和 NFC 等。

三、填空题

1.物联网(Internet of things,IoT)是指通过射频识别(RFID)、红外感应器、全球定位系统、激光扫描器等________,按约定的协议,将任何物品通过有线或无线方式与互联网连接,进行通信和信息交换,以实现智能化识别、定位、跟踪、监控和管理的一种网络。

正确答案:信息传感设备

答案解析:物联网(Internet of things,IoT)的基本定义:通过射频识别(RFID)、红外感应器、全球定位系统、激光扫描器等信息传感设备,按约定的协议,将任何物品通过有线或无线方式与互联网连接,进行通信和信息交换,以实现智能化识别、定位、跟踪、监控和管理的一种网络。

2. ________是由大量静止或移动的传感器,以自组织和多跳方式构成的无线网络,目的是协作采集、处理和传输网络覆盖地域内感知对象的监测信息,并报告给用户。

正确答案:无线传感器网络。

答案解析:无线传感器网络是由大量静止或移动的传感器,以自组织和多跳方式构成的无线网络,目的是协作采集、处理和传输网络覆盖地域内感知对象的监测信息,并报告给用户。

3. ________是目前常见的在物体上传递信息的一种技术手段,是用某种特定的几何图形按一定规律在平面上分布的、黑白相间的、记录数据符号信息的图形。

正确答案:二维码

答案解析:二维码是目前常见的在物体上传递信息的一种技术手段,是用某种特定几何图形按一定规律在平面上分布、黑白相间、记录数据符号信息的图形。

4. ________也被称为电子标签技术,它通过无线射频信号实现非接触方式下的双向通信,完成对目标对象的自动识别和数据的读写操作。

正确答案:无线射频识别(RFID)技术

答案解析:无线射频识别(RFID)技术也被称为电子标签技术,它通过无线射频信号实现非接触方式下的双向通信,完成对目标对象的自动识别和数据的读写操作。

5. 手机 App 属于物联网的________层。

正确答案:应用

答案解析:手机 App 属于物联网应用层。

四、判断题

1. 物联网的网络层作为纽带连接着感知层和应用层,它由各种私有网络、互联网、有线和无线通信网等组成,相当于人的感知器官,负责将感知层获取的信息安全可靠地传输到应用层,然后根据不同的应用需求进行信息处理。　(　　)

A. 正确　　　　B. 错误

正确答案:B

答案解析:物联网的网络层作为纽带连接着感知层和应用层,它由各种私有网络、互联网、有线和无线通信网等组成,相当于人的神经中枢和大脑,负责将感知层获取的信息安全可靠地传输到应用层,然后根据不同的应用需求进行信息处理。

2. 物联网网络层包含实现接入功能的接入网和实现传输功能的传输网,接入网一般是骨干网,和互联网重合。 ( )

A. 正确　　　　　　　　　　　　B. 错误

正确答案:B

答案解析:物联网网络层包含实现接入功能的接入网和实现传输功能的传输网,传输网一般是骨干网,和互联网重合。

3. 蓝牙可使电子通信设备之间建立通信和数据传输变得非常便捷,是目前很多近距离无线通信网络推广和应用的基础。一般通过一次适配,之后相关的设备在开机后还需要重新建立联系。 ( )

A. 正确　　　　　　　　　　　　B. 错误

正确答案:B

答案解析:蓝牙可使电子通信设备之间建立通信和数据传输变得非常便捷,是目前很多近距离无线通信网络推广和应用的基础,一般通过一次适配,之后相关的设备在开机后便可以直接建立联系。

4. 在整个无线传感网范围内,每一个 ZigBee 网络数传模块之间可以相互通信。每个 ZigBee 网络节点在作为监控对象进行数据采集和监控时,无法自动中转别的网络节点传过来的数据。 ( )

A. 正确　　　　　　　　　　　　B. 错误

正确答案:B

答案解析:在整个无线传感网范围内,每一个 ZigBee 网络数传模块之间可以相互通信,每个网络节点间的距离可以从标准的 75m 无限扩展。每个 ZigBee 网络节点不仅本身可以作为监控对象,例如其所连接的传感器直接进行数据采集和监控,还可以自动中转别的网络节点传过来的数据。

5. 物联网应用层的云计算平台处于数据传输的中端,将其作为基础支撑平台,划归为网络层也是可以的。网络层和应用层之间没有严格的划分。 ( )

A. 正确　　　　　　　　　　　　B. 错误

正确答案:A

答案解析:云计算平台处于数据传输的中端,将其作为基础支撑平台,划归为网络层也是可以的。网络层和应用层之间没有严格的划分,因为云计算平台本身就分为多层:基础设施即服务(IaaS)层、平台即服务(PaaS)层、软件即服务(SaaS)层。

6. 中间件的使用解决了物联网领域的资源共享问题,它不仅能实现多种技术之间资源共享,也可实现多种系统之间资源共享,类似于一种能起到连接作用的信息沟通软件。 ( )

A. 正确　　　　　　　　　　　　B. 错误

正确答案:A

答案解析:中间件解决了物联网领域资源共享问题,它不仅能实现多种技术之间资源共享,也可实现多种系统之间资源共享,类似于一种能起到连接作用的信息沟通软件。利用这种技术,物联网潜能将被充分发挥出来,形成一个资源高度共享、功能异常强大的服务系统。

更多练习二维码

11.3　实训任务

1. 假如你有一套房子，如何设计属于自己的智能家居系统？
2. 举一个物联网在智慧农业领域的应用案例。
3. 找到校园物联网技术应用，并一一说明。

第 12 章　现代通信技术

12.1　知识点分析

现代通信技术 1

通信技术是实现人与人之间、人与物之间、物与物之间信息传递的一种技术。现代通信技术将通信技术与计算机技术、数字信号处理技术等新技术相结合，其发展具有数字化、综合化、宽带化、智能化和个人化的特点。

现代通信技术是大数据、云计算、人工智能、物联网和虚拟现实等信息技术发展的基础，以 5G 为代表的现代通信技术是中国新型基础设施建设的重要领域。本章主要包括 5G 发展历程、主要设备、与其他无线通信区别，以及 5G 在生活、工业领域应用等知识点。

现代通信技术 2

12.1.1　通信技术简介

通信技术又称通信工程，是电子工程的重要分支，同时也是其中一个基础学科。该学科关注的是通信过程中信息传输和信号处理。主要研究以电磁波、声波或光波的形式把信息通过电脉冲，从发送端(信源)传输到一个或多个接收端(信宿)。接收端能否正确辨认信息，取决于传输中损耗功率高低。信号处理是通信工程中一个重要环节，其包括过滤、编码和解码等。

1969 年“阿帕网”(ARPANET)正式启用。1974 年，TCP/IP 正式得以应用，Internet 初步出现并迅速发展壮大。在此之前，1876 年贝尔发明电话，在“一战”和“二战”期间由于指挥通信需要，迅速发展起来，形成了全球电话网络。

现代通信技术 3

随着信息技术的发展，手机等移动终端可以兼具通话和数据传输功能，对于普通用户而言，电话网络和 Internet 融为一体。国内通话和互联网基础设施服务商由中国移动、中国联通和中国电信等公司统一承担，这两个网络能够做到互联互通。最早的个人用户接入互联网一般是通过电话线拨号上网，宽带普及之后，固定电话可以通过网线连接。

通信是人与人沟通方法之一。无论是电话还是网络，解决的最基本问题还是人与人的沟通。现代通信技术就是随着科技不断发展，如何采用最新技术不断优化各种通信方式，让人与人沟通变得更为便捷、有效。

现代通信技术 4

12.1.2　移动通信技术

移动通信(mobile communication)是移动体之间的通信，或移动体与固定体之间的通信。移动体可以是人，也可以是手机、平板电脑、车辆、飞机、动物等在移动状态中的物体。移动通信主要是通过无线技术实现通信的现代化技术，这种技术是电子计算机与移动互联网发展的重要成果之一。

移动通信技术发展经历了四代，目前已经是第五代(5G)，下面对每一代特点进行简单归纳和总结。

现代通信技术 5

1. 第一代

第一代移动通信系统(1G)是在 20 世纪 80 年代初提出的，第一代移动通信系统是基于模拟传输，其特点是业务量小、质量差、安全性差、没有加密和速度低。1G 主要基于蜂窝结构组网，直接使用模拟语音调制技术，传输速率约为 2.4kb/s，主要是满足通话功能。

2. 第二代

现代通信技术 6

第二代移动通信系统(2G)起源于 20 世纪 90 年代初期，它主要包括 CMAEL(客户化应用移动网络增强逻辑)、S0(支持最佳路由)、立即计费和 GSM 900/1800 双频段工作等内容，也包含了与全速率完全兼容的增强型语音编解码技术，使得语音质量得到了质的改进；半速率编解码器可使 GSM 系统容量提高近一倍。

3. 第三代

现代通信技术 7

第三代移动通信系统(3G)的最基本特征是智能信号处理技术，智能信号处理单元将成为基本功能模块，支持语音和多媒体数据通信，它可以提供前两代产品不能提供的各种宽带信息业务，如高速数据、慢速图像与电视图像等。第三代移动通信系统标准共有 WCDMA、CDMA 2000 和 TD-SCDMA 三大分支，这三大分支在相互兼容方面存在一定问题。

4. 第四代

现代通信技术 8

第四代移动通信系统(4G)是集 3G 与 WLAN 于一体，并能够传输高质量视频图像且图像传输质量与高清晰度电视不相上下的技术产品。4G 系统能够以 100Mb/s 速度下载，比拨号上网快 2000 倍，上传速度也能达到 20Mb/s，能够满足几乎所有用户对于无线服务要求。4G 基本上满足多媒体应用，如视频通话、网络会议、网络直播等，但是很显然在高清直播、实时操作等方面，4G 网络不能够满足需求，这就对发展更快速、更高级通信网络提出需求。

现代通信技术 9

移动通信网络主要由移动通信设备、基站和核心网三部分构成。移动通信设备包括手机、平板电脑、物联网通信设备等；基站是移动通信设备接入互联网的接口设备；基站通过光纤接入中国电信、中国联通和中国移动等基础设施服务商中心机房，完成与 Internet、电话网络等网络连接，如图 12-1 所示。

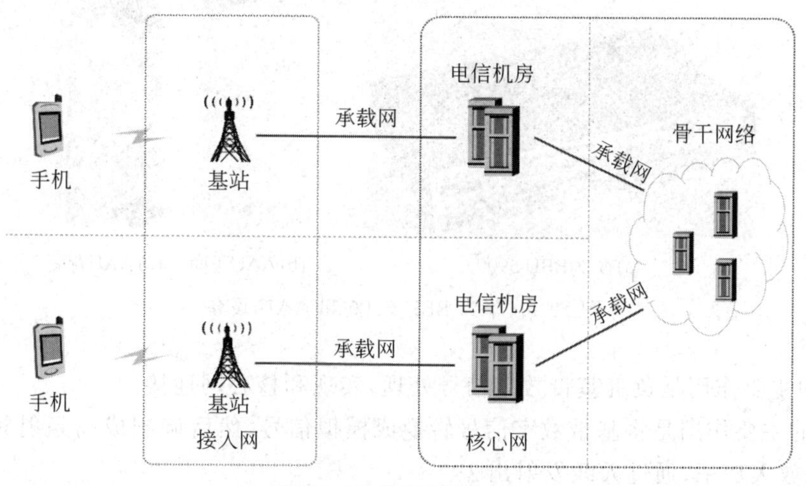

图 12-1　移动通信网络

12.1.3　5G

1. 5G 发展

5G 是第五代移动通信技术(5th generation mobile communication technology)的缩写，2013 年欧盟提出了 5G 发展战略，同年我国成立 5G 推进组，大力推进 5G 的研究和应用；2018 年华为等厂商推出了 5G 产品；2019 年 6 月 6 日，工信部正式向中国电信、中国移动、中国联通和中国广电发放 5G 商用牌照，之后 5G 基站迅速建立；2021 年 4 月，工信部宣布我国建立了当时全球最大的 5G 基础网络，截止到 2023 年 11 月，我国 5G 移动电话用户已超过 7.7 亿户。

2. 5G 优点

(1) 移动带宽高，具有超高速峰值速率，下载速率可达到 10～20Gb/s，能够满足高清视频、虚拟现实等大数据量传输。

(2) 具有超低时延的空中接口，时延低至 1ms，满足自动驾驶、远程医疗等实时应用。

(3) 连接数密度较大，具备 100 万连接/km^2 的设备连接能力，满足同时向多个设备传输数据的要求，能够有效支持物联网芯片通信需求。

(4) 频谱效率要比 LTE 提升 3 倍以上，数据传输率更高。

(5) 支持高移动性，能够在快速移动下，仍然保持高数据传输率及低时延性，用户体验速率达到 100Mb/s，支持连接的移动速度最高可达 500km/h。

(6) 流量密度达到 10Mbps/m^2 以上，更好支持数据传输。

(7) 能源效率更高，每消耗单位能量可以传送的数据量更多，与前面几代通信技术相比能源效率更高，看上去 5G 更耗电，主要原因是 5G 传输数据量大且设备更多，就技术本身而言，是节能的。

3. 5G 主要设备和组网方式

5G 基站的主设备主要由基带处理单元(building base band unit，BBU)和有源天线单元(active antenna unit，AAU)组成，如图 12-2 所示。

(a) 华为BBU 5900

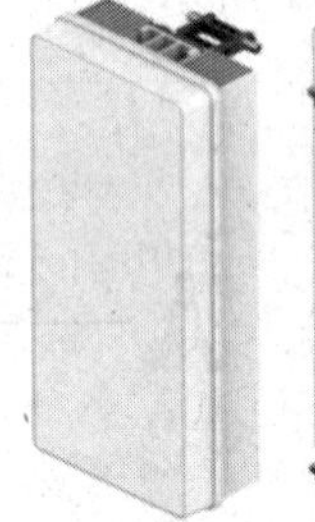

(b) AAU正面　(c) AAU背面

图 12-2　华为 BBU 5900 和 AAU 设备

BBU 的主要作用是负责基带数字信号处理，实现和核心网连接。

AAU 的主要作用是将基带数字信号转换成模拟信号，然后调制成高频射频信号，再通过功放单元放大功率，通过天线发射出去。

5G 组网分为自组网(SA)和非自组网(NSA)两种模式。SA 网络是 5G 独立组网，基站和核心网络都是5G网络，能够实现5G网络的所有功能；NSA网络是非独立组网，这种组网方式是把5G基站连接到4G核心网络，能够实现5G网络和4G网络并存，既能用4G网也能用5G网。相比于4G网络，NSA模式的5G网络网速要有明显提升，但是跟纯5G设备搭建的SA相比在速度方面还是有一些距离，特别是在超低时延方面。

4. 5G和4G比较

1）本质上相同

二者都属于无线移动通信，都是经过电磁波传输数据到基站，由基站再与核心网络进行连接，并完成通信。

2）关键设备不同

5G和4G的最大区别就是基站，5G基站建设核心设备和4G有着本质区别；5G需要基站数量更多且单个基站造价更高，如果5G基站建设数量超过4G，充分共享已有资源能够实现5G低成本、快速布网。

3）5G带宽更高

一部10GB视频，4G下载需15min，5G仅需9s；应用5G技术，可以实现高清摄像机数据传输，在无人机航拍直播、AI图像识别领域应用广泛。

4）5G带来万物互联时代

4G时代，人与人连接已经差不多完成，5G将实现人与物、物与物连接，也就是家庭、办公室、城市里物体都将实现连接，走向智慧和智能。基于5G通信物联网每平方千米连接数可超过100万，能够支持更多设备接入互联网，促进物联网发展。

5）低时延

5G另外一个特点就是低延时，即使在高速移动下（目前是低于500km/h）也能保持信号连接，且延时不超过1ms，这使得5G应用场景大大增加。

相比较而言5G在速度、延时等方面比4G有明显优势，但是也有不足之处，其中主要缺点就是穿透力不强。电磁波有一个特点，即频率越高，绕射能力就越差，传播过程中衰减损耗也越大，所以覆盖能力就大大降低。同样面积地区的数据传输，4G只需要1个基站，而5G却需要多个基站，大大增加了5G的建设成本，也成为阻碍5G发展的障碍之一。

12.1.4 光纤、Wi-Fi和5G比较

常见接入互联网方式主要有三种：宽带接入（光纤）、Wi-Fi、移动通信（4G/5G，前面已经分析了4G和5G的区别，这里只分析5G和另外两种接入方式的区别）。先通过表12-1来看一下这三种不同接入互联网方式的特点。

表12-1 宽带接入（光纤）、Wi-Fi、移动通信（5G）三者的特点对比

项　目	宽带接入(光纤)	Wi-Fi	5G
传输速率	100Gb/s以上	最大可达54Mb/s	10Gb/s以上
传输距离	无中继情况下在100千米以上	无增强天线情况下覆盖范围为20～50m	覆盖范围为100～300m
设备接入数	1	理论上为253，但实际上受带宽限制	100万连接/km^2
主要设备	光纤收发器、配线器、转接口等	AP	以BBU和AAU为主要设备

续表

项 目	宽带接入(光纤)	Wi-Fi	5G
优点	速度快； 速度稳定； 能耗低； 安全性高	安装方便； 价格便宜； 使用方便	速度快； 连接设备多； 信号稳定、时延低
缺点	施工复杂； 受地形条件影响； 维护费用高	速度受限； 连接设备受限； 安全性差； 有网络时延	设备较昂贵； 能耗高

12.1.5 5G应用场景

5G技术发展带来高速、低时延、批量接入移动网络变换，不仅是技术改变，更给人们生活带来了不少变化，5G广泛开通和使用，正如高速公路、高铁等基础设施变化一样，日益改变着人们生活，5G在以下方面得到广泛应用。

(1) 虚拟现实(VR)与增强现实(AR)能够彻底颠覆传统人机交互。

(2) 超高清视频和低时延对远程无线医疗支持，即使在野外，也能够迅速得到救助指导，开展远程手术等。

(3) 车联网不仅用于自动驾驶，也用于汽车多媒体。

(4) 在智能制造领域，支持工业机器人完成协同制造，更精准地控制系统。由于5G支持更多传感器同时接入，工业物联网技术得以快速发展，越来越多设备能够同时接入网络。

(5) 在智慧能源领域，从能源原材料获取到电力输送、巡检。

(6) 无线家庭娱乐能够满足人们对美好生活的向往，推动智能家居的发展，并且更安全、更便捷。

(7) 5G+无人机解决了无人机视频数据传输和操作的问题，前景广阔。

(8) 5G+社交网络使人们突破传统社交模式，开启以虚拟现实和增强现实为基础的社交模式。

(9) 5G+AI将产生巨大的飞跃，促使AI技术在生活中得到广泛应用。

(10) 在城市管理方面，基于完备5G网络能够建设良好的指挥系统、应急系统和安全系统等智慧城市管理系统，全面提升城市居民的生活水平。

(11) 将促进可穿戴设备——超高清穿戴摄像机、AR设备等发展。

12.2 典型题目分析

一、单选题

1. 作为一个成功的系统，而成为计算机网络技术发展中的一个里程碑的是(　　)。

A. IBM　　B. WAN　　C. Internet　　D. ARPNET

正确答案：D

答案解析：ARPNET 作为一个成功的系统，成为计算机网络技术发展中的一个里程碑。

2. 具有业务量小、质量差、安全性差、没有加密和速度低特点的移动通信系统是第(　　)代。

A. 1　　B. 2　　C. 3　　D. 4

正确答案：A

答案解析：第一代移动通信系统(1G)是在 20 世纪 80 年代初提出的，第一代移动通信系统是基于模拟传输，其特点是业务量小、质量差、安全性差、没有加密和速度低。1G 主要基于蜂窝结构组网，直接使用模拟语音调制技术，传输速率约为 2.4kb/s，主要是满足通话功能。

3. 5G 网络要满足用户随时随地(　　)以上的用户体验速率。

A. 10Mb/s　　B. 50Mb/s　　C. 100Mb/s　　D. 1000b/s

正确答案：C

答案解析：5G 支持高移动性，能够在快速移动下，仍然保持高速数据传输效率及低时延，用户体验速率达到 100Mb/s，支持连接的移动速度最高可达 500km/h。

4. 5G 中(　　)的主要作用是负责基带数字信号处理，实现和核心网的连接。

A. AAU　　B. BBU　　C. CCU　　D. DDU

正确答案：B

答案解析：BBU 的主要作用是负责基带数字信号处理，实现和核心网的连接。

5. 以下传输速率最低的是(　　)。

A. 宽带　　B. 5G　　C. Wi-Fi　　D. 光纤

正确答案：C

答案解析：宽带(光纤)可达 100Gb/s 以上，Wi-Fi 最大可达 54Mb/s，5G 可达 10Gb/s 以上。

二、多选题

1. 通信系统的技术组成是(　　)。

A. 电子和光通信技术　　B. 计算机与互联网技术

C. 卫星无线通信技术　　D. 以上三类技术的总和

正确答案：D

答案解析：通信系统的技术组成包括电子和光通信技术、计算机与互联网技术以及卫星无线通信技术。

2. 下面属于移动通信的是(　　)。

A. 有线电视系统　　B. 寻呼系统

C. 蜂窝移动系统　　D. 无绳电话系统

正确答案：BCD

答案解析：移动通信(mobile communication)是移动体之间的通信，或移动体与固定体之间的通信。移动体可以是人，也可以是汽车、火车、轮船、收音机等在移动状态中的物体。

3. 常见的接入互联网方式主要由(　　)组成。

A. 宽带接入(光纤)　　B. Wi-Fi

C. 移动通信　　　　　　　　　　　　　　D. 5G

正确答案：ABC

答案解析：常见的接入互联网方式主要有宽带接入(光纤)、Wi-Fi 和移动通信。

4. 以下属于 5G 应用场景的是(　　)。

A. VR　　　　　B. 车联网　　　　　C. 智慧能源　　　　　D. 物联网

正确答案：ABCD

答案解析：5G 应用场景包括物联网、人工智能、虚拟现实(VR)、增强现实(AR)、车联网、智能制造、智慧能源、无线家庭娱乐、无人机和社交网络等。

5. 5G 组网分为(　　)两种模式。

A. 子网　　　　　B. 自组网　　　　　C. 非自组网　　　　　D. 自由网

正确答案：BC

答案解析：现在的 5G 组网分为自组网(SA)和非自组网(NSA)两种模式。

三、填空题

1. 电信机房和骨干网络属于移动通信网络的________。

正确答案：核心网

答案解析：电信机房和骨干网络属于移动通信网络的核心网。

2. 5G 是________的缩写。

正确答案：第五代移动通信技术

答案解析：5G 是第五代移动通信技术的缩写。

3. 5G 的主要设备包括________和________。

正确答案：AAU、BBU

答案解析：5G 基站主设备主要由 BBU 和 AAU 组成。BBU 的主要作用是负责基带数字信号处理，实现和核心网连接。AAU 的主要作用是将基带数字信号转换成模拟信号，然后调制成高频射频信号，再通过功放单元放大功率，通过天线发射出去。

4. 5G 技术创新主要来源于________和________两方面。

正确答案：无线技术、网络技术

答案解析：5G 技术创新主要来源于无线技术和网络技术两方面。

5. 通信工程研究的是以电磁波、声波或光波的形式把信息通过________，从发送端(信源)传输到一个或多个接收端(信宿)。

正确答案：电脉冲

答案解析：通信工程研究的是以电磁波、声波或光波的形式把信息通过电脉冲，从发送端(信源)传输到一个或多个接收端(信宿)。

四、判断题

1. 阿帕网(ARPANET)比语音电话出现得要早。　　　　(　　)

A. 正确　　　　　　　　　　　　　　B. 错误

正确答案：B

答案解析：1969 年“阿帕网”(ARPANET)正式启用，语音通信电话早在 1876 年由贝尔发明出来。

2. 4G 既能满足多媒体应用，如视频通话、网络会议、网络直播等，也能满足高清直播、

实时操作。（　　）

A. 正确　　　　B. 错误

正确答案：B

答案解析：4G 基本上能够满足多媒体应用，如视频通话、网络会议、网络直播等，但是很显然在高清直播、实时操作等方面，4G 网络不能够满足需求。

3. 5G 与前面几代通信技术相比能源效率更高，看上去 5G 更省电，主要原因是 5G 传输数据量大且设备更多，就技术本身而言，是节能的。（　　）

A. 正确　　　　B. 错误

正确答案：B

答案解析：5G 的设备多、数量大与前几代通信技术比更费电。

4. 4G 不属于无线移动通信，5G 属于无线移动通信。（　　）

A. 正确　　　　B. 错误

正确答案：B

答案解析：4G 和 5G 都属于无线移动通信。

5. 5G 技术发展带来高速、低时延、批量接入的移动网络变换，不仅仅是技术改变，更给人们的生活带来了不少变化。（　　）

A. 正确　　　　B. 错误

正确答案：A

答案解析：略。

更多练习二维码

12.3　实训任务

1. 结合第 11 章内容，举例说明学过的无线通信方式有哪些。如果有可能，请说明优缺点及各自的应用场景。

2. 如果条件允许，体验一下 5G 高清直播及高速视频的下载。

第13章　流程自动化

13.1　知识点分析

流程自动化1

机器人流程自动化是以软件机器人和人工智能为基础，通过模仿用户手动操作的过程，让软件机器人自动执行大量重复的、基于规则的任务，将手动操作自动化的技术。例如，在企业的业务流程中，纸质文件录入、证件票据验证、从电子邮件和文档中提取数据、跨系统数据迁移和企业IT应用自动操作等工作，可通过机器人流程自动化技术准确、快速地完成，减少人工错误，提高效率并大幅降低运营成本。本章包含机器人流程自动化、技术框架和功能、工具应用、软件机器人的创建和实施等知识点。

流程自动化2

13.1.1　工业机器人与流程自动化基本概念

1. 工业机器人

通俗来讲，可以认为工业机器人是模拟人在生产制造中的行为，从而取代人来完成生产线上的工作，提高生产效率，以下是一些组织对工业机器人的定义。

流程自动化3

（1）美国工业机器人协会（RIA）：机器人是设计用来搬运物料、部件、工具或专门装置的可重复编程的多功能操作器，并可通过改变程序的方法来完成各种不同任务。

（2）日本工业机器人协会（JIRA）：一种装备有记忆装置和末端执行器的，能够完成各种移动来代替人类劳动的通用机器。

（3）德国标准（VDI）：具有多自由度的且能进行各种动作的自动机器，它的动作是可以顺序控制的，轴的关节角度或轨迹可以不靠机械调节，而由程序或传感器加以控制。工业机器人具有执行器、工具及制造用的辅助工具，可以完成材料搬运和制造等操作。

（4）国际标准化组织（ISO）：一种能自动控制、可重复编程、多功能和多自由度的操作机，能搬运材料、工件或操持工具，来完成各种作业。

2. 流程自动化

机器人流程自动化（robotic process automation，RPA）是以软件机器人及人工智能（AI）为基础的业务过程自动化科技。是在生产过程中以软件机器人来实现自动化业务，代替人力完成高重复、标准化、规则明确、大批量的手工操作。可以从如下三个方面来理解机器人流程自动化。

1）数据输入

（1）可获取各种电子数据渠道的信息，包括ERP、电子文档、聊天工具等。

（2）可识别二维码、条码等信息，并进行相应转换。

(3) 能够集成主流 OCR 技术,实现纸质内容的采集。

2) 数据处理

(1) 可实现数据转移、格式转换、系统功能调用等多种功能。

(2) 可调用已有的 Excel 宏工具、第三方应用程序及其他数据处理功能,搭建现有功能间的桥梁。

(3) 可单独开发基于通用平台的数据处理逻辑。

3) 数据输出

(1) 支持多种数据报告格式,并且可以将数据应用于后续处理。

(2) 支持多种通信工具数据,如 Outlook、微信、QQ 等。

(3) 支持访问 ERP、MES 等系统自动上传。

RPA 软件机器人是模拟人的操作,解决跨系统、跨平台重复有规律的工作流问题,从而代替人去完成任务,以便提升工作效率的软件产品。具有出错率低、快速交付、可扩展性强、无区域限制、全天候待、无入侵性、合规遵从和降低成本等价值。

13.1.2 RPA 实施方法

1. 规划

在企业中实施 RPA 首先要进行规划,在此阶段需要识别出企业能够实现自动化的流程。通过清单将来逐步确定流程。

(1) 该流程是否是手动和重复的。

(2) 流程是否以规则为基础。

(3) 输入数据是电子格式还是可读的。

(4) 现有系统是否可以原样使用而无须更改。

规划阶段的步骤如下。

(1) 建立项目团队,最终确定实施时间表和方法。

(2) 表决通过执行 RPA 流程的解决方案设计。

(3) 确定应该实现的日志记录机制,以查找运行机器人的问题。

(4) 应定义明确的路线图以扩大 RPA 实施。

2. 开发

完成流程确认后,将按照商定的计划开始开发自动化工作流程。按照行为驱动(BDD)的方式,可以很快定义出工作流程,将行为驱动的工作流程翻译成代码实现。基本上不存在完全流程相同的企业,因此大部分 RPA 都需要定制开发。

3. 测试

在完成开发后,将运行测试周期以识别和更正流程自动化中的缺陷。

4. 支持与维护

RPA 上线后需要开发方提供持续支持,企业流程经常需要发生变化。这遵循一般维护指南,其中包括业务和 IT 支持团队的角色和职责。

5. 机器人流程自动化工具选择依据

RPA 工具的选择应基于以下四个方面。

(1) 数据: 易于将业务数据读写到多个系统中。

(2) 主要执行的任务类型:配置基于规则或基于知识流程难易度。

(3) 互操作性:工具应该适用于多种应用程序。

(4) AI:内置AI支持以模仿人类用户。

13.1.3 常见RPA开发工具

1. RPA开发

典型的RPA平台至少会包含开发、运行、控制三个组成部分。

1) 开发

开发工具主要用于建立软件机器人的配置或设计机器人。通过开发工具,开发者可以为机器人执行一系列的指令和决策逻辑进行编程。

大多数开发工具为了进行商业发展,通常需要开发人员具备相应的编程知识储备,如循环、变量赋值等。目前大多数RPA软件代码相对较低,训练有素的用户也能快速学习和使用。

还包括如下开发工具。

(1) 记录仪:也称为"录屏",用以配置软件机器人。就像Excel中的宏功能,记录仪可以记录用户界面(UI)里发生的每一次鼠标动作和键盘输入。

(2) 插件/扩展:为了让配置的运行软件机器人变得简单,大多数平台都提供许多插件和扩展应用。

(3) 可视化流程图:一些RPA厂商为方便开发者更好地操作RPA开发平台,会推出流程图可视化操作。比如,UiBot开发平台就包含三种视图,即流程视图、可视化视图、源码视图,分别对应不同用户的需求。

2) 运行

当开发工作完成后,用户可使用运行工具,来运行已有软件机器人,也可以查阅运行结果。

3) 控制

控制器主要用于软件机器人的部署与管理,包括开始/停止机器人的运行、为机器人制作日程表、维护和发布代码、重新部署机器人的不同任务以及管理许可证和凭证等。当需要在多台PC上运行软件机器人的时候,也可以用控制器对这些机器人进行集中控制,如统一分发流程、统一设定启动条件等。

2. 典型开发工具

2018年全球RPA市场份额前五位分别是UiPath、Automation Anywhere、Blue Prism、NICE和Pegasystems。

以UiPath公司机器人流程自动化体系架构为例,说明一下机器人流程自动化工作原理。UiPath是2015年在美国注册成立的一家机器人流程自动化软件开发商,专注于利用人工智能或机器人来处理重复性行政工作,并实现自动化。2021年4月IPO成功并登陆纽约证券交易所,市值超过250亿美元,腾讯公司在2020年该公司E轮融资时投入了2.25亿美元。

UiPath软件由Robot机器人、Studio开发平台和Orchestrator服务器三部分组成,如图13-1所示。开发平台主要负责程序设计;机器人部分主要负责License代理、日志收集及程序执行等工作,二者都与服务器有数据交互;服务器端主要负责资产的管理分配、用户授权管理和工作流的授权管理等工作。

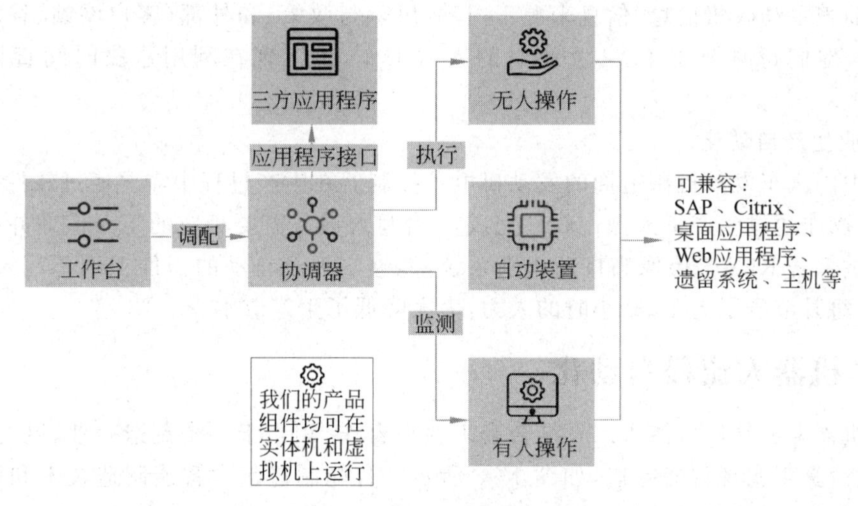

图 13-1 UiPath 软件技术架构

在刚开始的时候,开发人员需要直接分析客户需求,直接面对需求进行开发,随着经验的积累,慢慢形成了流程自动化框架,基于框架的开发就变得简单便捷了。自动化框架提高了开发人员的开发效率,将开发人员从传统的开发模式中解脱出来,不再花费大量时间去编写模板框架的代码,从而将更多的精力投身到其他工作中。框架主要包括初始化模块、数据获取模块、数据分析模块、监视模块、执行模式判定模块和预留接口模块等,这些功能模块在 UiPath 软件中事先开发完成,用户只需要调用就可以快速便捷地实现系统部署。

13.1.4 RPA 应用举例

RPA 机器人能够模仿几乎所有人类用户的行为。它可以登录应用程序、移动文件和文件夹、复制和粘贴数据、填写表单、从文档中提取结构化和半结构化数据以及抓取浏览器等。

下面通过几个例子解释 RPA 如何帮助企业提升自动化率和节省成本。

1. 快速实施及快速实现投资回报率

一个公司需要处理来自欧洲的人力资源服务提供商每月处理 2500 份病假证明,每件物品的平均处理时间为 4 分钟。他们实施了 RPA 解决方案,实现了 90%的流程自动化。RPA 机器人从 SAP 中的事务中提取数据,将信息插入客户的系统并进行打印。人力资源服务提供商在 6 个月内实现了投资回报,错误率降至 0,手动工作量降至 5%,处理时间缩短 80%。

2. 减少后台工作量

一家全球零售商正在使用其商店盘点报告来验证数百家商店中每个商店的盘点信息。该商店的员工之前使用手动过程来提取这些报告,这一过程烦琐且效率不高。通过自动化流程,商店使员工现在能够更多专注于以客户为中心的活动。

采用 RPA 机器人,可将结束报告移动到一台服务器,然后读取并合并商店盘点报告所需的信息。

3. 改善前台客户服务

一家在全球拥有 50000 多家客户的贸易信用保险公司实现了信用额度请求承保流程。承销商之前曾手动收集信息,信息来源于内部(风险与政策)和外部(客户网站、谷歌新闻)。通过 RPA,他们每月节省了 2440 小时的人力工作,员工现在利用这段时间直接与客户合作。

4. 工业生产自动化

一家中国汽车发动机制造商的发动机电子控制器在生产过程中需要通过软件写入初始内容,写入操作通过生产工人操作软件完成,6 台写入设备需要相应的工人值守并手动操作完成。通过部署 RPA+摄像头自动识别系统,能够实现全自动的器件识别和写入,不需要工人值守,每月节省了近 1000 小时的人力,大大降低了生产成本。

13.1.5 机器人流程自动化

工业机器人和软件机器人二者结合起来通力合作,相当于一个制造企业,既有生产者,又有管理者,真正实现智能制造,如图 13-2 所示。智能制造包含智能制造技术和智能制造系统,智能制造系统不仅能够在实践中不断地充实知识库,而且具有自学习功能,可搜集与理解环境和自身的信息,并能分析判断和规划自身行为。通过智能制造,把机械自动化的概念更新升级,扩展到柔性化、智能化和高度集成化,使得企业生产更加智能,为无人工厂奠定基础。

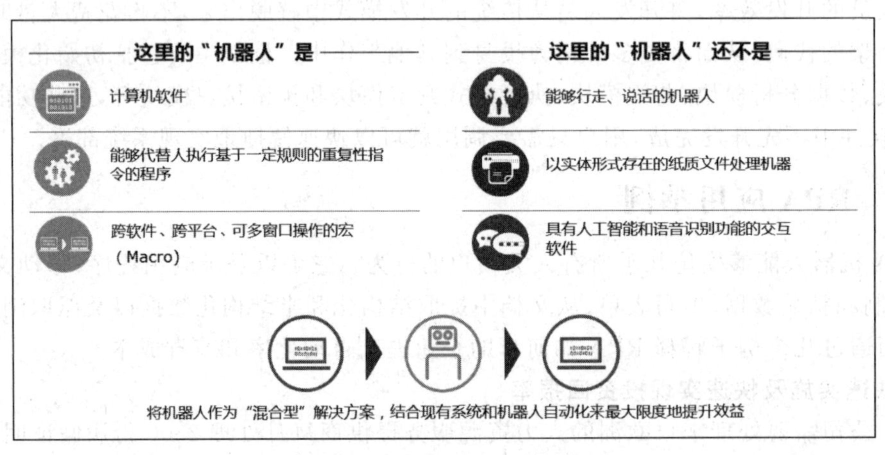

图 13-2 智能制造与机器人流程自动化

13.2 典型题目分析

一、单选题

1. 以下选项中最不适合 RPA 自动化的工作类型是( )。

A. 重复性工作　　B. 合规性工作

C. 分析性工作　　D. 流程性工作

正确答案：C

答案解析：分析性工作不具备流程可复制性，需要大量的人工干预。其他工作都可以设计相应的软件流程来完成。

2. RPA 机器人是自动化流程的执行者，随时随地提供(　　)流程服务。

A. 自动化　　B. 决策　　C. 分析　　D. 解答

正确答案：A

答案解析：RPA 机器人是加载在流程中的软件机器人，用来实现流程服务。

3. 以下软件中(　　)是有名的 RPA 软件。

A. UiPath　　B. Office　　C. Photoshop　　D. Maya

正确答案：A

答案解析：UiPath 专注于利用人工智能或机器人来处理重复性行政工作，并实现自动化。Office 是办公自动化软件，Photoshop 是图像处理软件，Maya 是动画建模软件。

4. UiPath 公司在 2021 年 4 月 IPO 成功并登陆纽约证券交易所，市值超过 250 亿美元，(　　)公司在 2020 年该公司 E 轮融资时投入了 2.25 亿美元。

A. 腾讯　　B. 百度　　C. 中兴　　D. 华为

正确答案：A

答案解析：略。

5. 通过部署 RPA＋摄像头自动识别系统，实现某产品生产过程中全自动的器件识别和写入，这是属于 RPA 在(　　)方面的应用。

A. 智能客服　　B. 智能前台　　C. 工业自动化　　D. 智能商务

正确答案：C

答案解析：略。

二、多选题

1. 在企业的业务流程中，下列(　　)业务可以应用 RPA 来完成。

A. 纸质文件录入

B. 证件票据验证

C. 从电子邮件和文档中提取数据

D. 跨系统数据迁移

正确答案：ABCD

答案解析：略。

2. 以下(　　)属于 RPA 数据输入方式。

A. 人工填写　　B. 识别二维码、条码

C. 集成主流 OCR 自动获取　　D. ERP 系统接入

正确答案：BCD

答案解析：人工填写方式不是 RPA 数据输入方式。

3. RPA 数据处理方式有(　　)。

A. 数据转移　　B. 格式转换

C. 系统功能调用　　D. 基于通用平台的数据处理

正确答案：ABCD

答案解析：略。

4. RPA的数据输出可以采用以下(　　)方式。

A. 形成数据报表　　B. 通过通信工具,发送到需要端

C. 发送至ERP系统　　D. 发送至MES系统数据

正确答案：ABCD

答案解析：略。

5. 典型的RPA平台至少包含(　　)等组成部分。

A. 开发　　B. 运行　　C. 控制　　D. 数据

正确答案：ABC

答案解析：数据不是典型RPA平台组成部分。

三、填空题

1. ________是以软件机器人及人工智能(AI)为基础的业务过程自动化科技。

正确答案：机器人流程自动化(RPA)

答案解析：略。

2. RPA软件机器人是模拟________的操作,解决跨系统、跨平台重复有规律的工作流问题,从而代替________去完成任务,以便提升工作效率的软件产品。

正确答案：人、人

答案解析：略。

3. 为了提高业务处理效率,RPA的数据可以和________系统对接,实现自动交互。

正确答案：ERP或MES

答案解析：通过RPA系统可以实现MES或ERP系统数据自动填充,从而减少人工干预过程,实现管理自动化。

4. ________是机器模拟人在生产制造中的行为,完成生产线上的工作,从而提高生产效率。

正确答案：工业机器人

答案解析：略。

5. 机器人流程自动化系统本质上是________。

正确答案：软件

答案解析：机器人流程自动化是一种软件设计理念,通过软件与硬件结合,实现数据自动录入、自动处理和自动形成报告。

四、判断题

1. RPA机器人能够模仿几乎所有人类用户的行为：可以登录应用程序、移动文件和文件夹、复制和粘贴数据、填写表单以及从文档中提取结构化和半结构化数据。(　　)

A. 正确　　B. 错误

正确答案：A

答案解析：略。

2. 通过MES为操作人员/管理人员提供计划的执行、跟踪,管理人员可以随时随地掌握生产资源(人、设备、物料、客户需求等)的当前状态。(　　)

A. 正确　　B. 错误

正确答案：A

答案解析：略。

3. 通过 RPA 系统应用，既能提高工厂及时交货能力，改善物料的流通性能，又能提高生产回报率。 (　　)

A. 正确　　　　B. 错误

正确答案：A

答案解析：略。

4. 通过 RPA 系统应用，能够实现信息传递，对从订单下达到产品完成的整个生产过程进行优化管理。 (　　)

A. 正确　　　　B. 错误

正确答案：A

答案解析：略。

5. RPA 系统和工业机器人一样，都是机器人。 (　　)

A. 正确　　　　B. 错误

正确答案：B

答案解析：RPA 系统和工业机器人有一定类似之处，但并不完全一样，RPA 系统主要是软件处理方式，工业机器人则包括了更加复杂的机械、控制系统等。

更多练习二维码

13.3 实训任务

1. 在网上查找一个工业机器人，并说明其如何工作。

2. 注册并使用某个 MES 系统，分析其是否应用了 RPA 技术。

第14章　项 目 管 理

14.1　知识点分析

项目管理是指项目管理者在有限的资源约束下，运用系统理论、观点和方法，对项目涉及的全部工作进行有效管理，即在从项目的投资决策开始到项目结束的全过程中进行计划、组织、指挥、协调、控制和评价，以实现项目的目标。项目管理作为一种通用技术已应用于各行各业，获得了广泛的认可。本章包含项目管理基础知识和项目管理工具应用等知识点。

14.1.1　项目管理基本概念

1. 项目的定义

项目是在既定的资源和要求的约束下，为实现某种目的而相互联系的一次性工作任务。简单来说，开发一种新产品，建一幢大房子，以及安排一场演出，都可以称为一个项目。

项目管理 1

2. 项目管理的定义

目前国际上对于项目管理还没有一个统一的定义。主要因为项目管理是一整套科学的管理体系和方法，很难用几句话对其进行全面的概括，为此只能从不同的角度对其进行描述。项目管理既是一种科学的管理活动，也是一门新兴的管理学科。以下是对项目管理的几种参考性定义。

定义 1：项目管理是在项目运作过程中，综合应用各种知识、技能、手段和技术以完成项目预期的目标和满足项目有关方面的需求。

定义 2：项目管理是以项目为对象的一种科学的管理方式，它以系统论的思想为指导，以现代先进的管理理论和方法为基础，通过项目管理特色的组织形式，实现项目全过程的综合动态管理，以有效地完成项目目标。

定义 3：项目管理是为创造独特的产品、服务或成果而进行的体系化的工作。

项目管理 2

14.1.2　项目管理四个阶段和五个过程

项目管理的四个阶段：识别需求阶段、提出解决方案阶段、执行项目阶段和结束项目阶段，这四个阶段也叫作规划阶段、计划阶段、实施阶段和完成阶段。如图 14-1 所示，项目管理四个阶段中分别要完成不同的任务。当然根据具体情况，这些任务不一定全部都有，也有可能根据实际情况在每个阶段增加不同的项目管理任务。

与项目管理四个阶段对应的是项目管理的五个过程：启动、计划、实施、控制、收尾。项目管理的五个过程是项目管理的工具方法，每个项目阶段都可以有这五个项目过程，也可

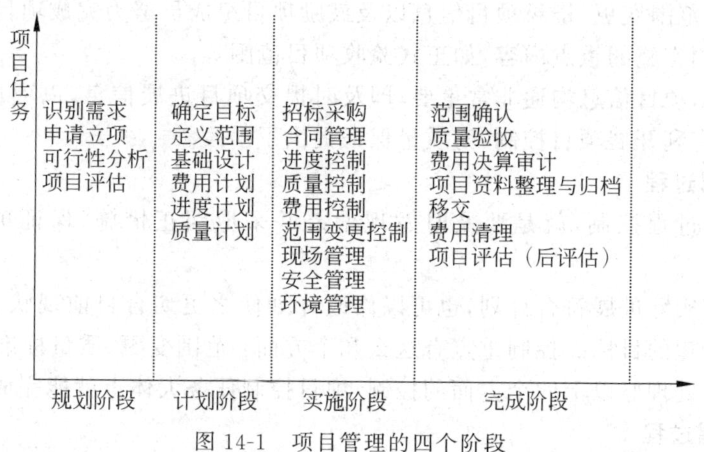

图 14-1　项目管理的四个阶段

以仅选取某一个过程或某几个过程。比如，识别需求阶段可分为识别需求的启动、识别需求的计划、识别需求的实施、识别需求的控制和识别需求的收尾。又如，提出解决方案阶段完全可以只有提出方案阶段的计划和提出方案阶段的实施。

1. 项目启动过程

项目的启动过程就是一个新的项目识别与开始的过程。要认识这样一个概念，即在重要项目上的微小成功，比在不重要的项目上获得巨大成功更具意义与价值。从这种意义上讲，项目的启动阶段显得尤其重要，这是决定是否投资，以及投资什么项目的关键阶段，此时的决策失误可能造成巨大的损失。

重视项目启动过程，是保证项目成功的首要步骤。

启动涉及项目范围的知识领域，其输出结果有项目章程、任命项目经理、确定约束条件与假设条件等。

启动过程的最主要内容是进行项目的可行性研究与分析，这项活动要以商业目标为核心，而不是以技术为核心。无论是领导关注，还是项目宗旨，都应围绕明确的商业目标，以实现商业预期利润分析为重点，并要提供科学合理的评价方法，以便未来能对其进行评估。

2. 项目计划过程

项目计划过程是项目实施过程中非常重要的一个过程。通过对项目范围、任务分解和资源分析等制订一个科学的计划，能使项目团队的工作有序开展。也因为有了计划，我们在实施过程中，才能有一个参照，并通过对计划不断修订与完善，使后面的计划更符合实际，更能准确地指导项目工作。

项目计划过程中有一个误区，即认为计划应该准确，所谓准确，就是实际进展必须按计划来进行。实际并非如此，计划是管理的一种手段，仅是通过这种方式，使项目资源配置、时间分配更为科学合理而已，而计划在实际执行中是可以不断修改的。

在项目的不同知识领域有不同的计划，应根据实际项目情况编制不同计划，其中项目计划、范围说明书、工作分解结构、活动清单、网络图、进度计划、资源计划、成本估计、质量计划、风险计划、沟通计划和采购计划等，是项目计划过程常见的输出，需要重点把握与运用。

3. 项目实施过程

项目实施一般指项目主体内容执行过程，但实施包括项目前期工作，因此不仅要在具体实施过程中注意范围变更、记录项目信息以及鼓励项目组成员努力完成项目,还要在开头与收尾过程中,强调实施的重点内容,如正式验收项目范围等。

项目实施中,项目信息沟通非常重要,即及时提交项目进展信息,以项目报告方式定期汇报项目进度,有利开展项目控制,为质量保证提供了手段。

4. 项目控制过程

项目管理的过程控制,就是要及时发现偏差并采取纠正措施,保证项目朝目标方向前进。

控制可以使实际进展符合计划,也可以修改计划使之更切合目前现状。修改计划的前提是项目符合期望的目标。控制重点有这么几个方面:范围变更、质量标准、状态报告及风险应对。基本上处理好以上四个方面的控制,项目控制任务大体上就能完成了。

5. 项目收尾过程

一个项目通过一个正式而有效的收尾过程,不仅是对当前项目产生完整文档,对项目干系人的交代,更是以后项目工作的重要财富。很多项目中,更多重视项目开始与过程,忽视了项目收尾工作,所以项目管理未能得到提高。

重视未能实施成功的项目收尾工作,不成功项目的收尾工作比成功项目的收尾更难,也来得更重要,因为这种项目的主要价值就是项目失败的教训,因此要通过收尾将这些教训提炼出来。

项目收尾包括对最终产品进行验收,形成项目档案等。可以根据项目的大小自由决定形式,可以通过召开发布会、表彰会、公布绩效评估等手段来进行,形式一定要明确,并能达到效果。如果能对项目进行收尾审计,则是再好不过的了,当然也有很多项目是无须审计的。

如果把项目管理比作战争,那么项目管理的四个阶段就是战略,而五个过程就是战术。那么战略就是战争前物资储备、战争动员、投入战斗、战后协定,而战术呢,就是列出计划、准备战斗、投入冲锋、结束战斗、打扫战场等,这个战术可以应用到战略的各个层面,包括战前物资储备等。

14.1.3 项目管理工具

1. 头脑风暴法

常用于"收集需求"过程中,属于群体创新技术。联想是产生新观念的基本过程。在集体讨论问题的过程中,每提出一个新观念,都能引发他人联想。相继产生一连串新观念,产生连锁反应,形成新观念堆,为创造性地解决问题提供了更多可能。

在不受任何限制情况下,集体讨论问题能激发人的热情。人人自由发言、相互影响、相互感染,能形成热潮,突破固有观念的束缚,最大限度地发挥创造性的思维能力。

在有竞争意识情况下,人人争先恐后,竞相发言,不断地开动思维机器,力求有独到见解。

2. 德尔菲技术

常用于"收集需求"过程中,属于群体创新技术。这一技术的应用步骤如下。

(1) 根据问题特点,选择和邀请做过相关研究或有相关经验的专家。

(2) 将与问题有关的信息分别提供给专家,请他们各自独立发表意见,并写成书面材料。

(3) 管理者收集并综合专家们的意见后，将综合意见反馈给各位专家，请他们再次发表意见。如果分歧很大，可以开会集中讨论；否则管理者分头与专家联络。

(4) 如此反复多次，最后形成代表专家组意见的方案。

德尔菲技术典型特征如下。

① 吸收专家参与预测，充分利用专家的经验和学识。

② 采用匿名或背靠背的方式，能使每一位专家独立自由地作出判断。

③ 预测过程几轮反馈，使专家的意见逐渐趋同。

优点：能充分发挥各位专家的作用，集思广益、准确性高。能把各位专家意见的分歧点表达出来，取各家之长，避各家之短。

缺点：过程比较复杂，花费时间较长。

3. 帕累托图

常用于"实施质量控制"过程中。

帕累托图又称排列图、主次图，是按照发生频率大小顺序绘制的直方图，表示有多少结果是由已确认类型或范畴的原因所造成。它是将出现的质量问题和质量改进项目，按照重要程度依次排列而采用的一种图表。可以用来分析质量问题，确定产生质量问题的主要因素。标准帕累托图按等级排序，指导如何采取纠正措施：项目成员应首先采取措施纠正造成最多数量缺陷的问题。从概念上说，帕累托图与帕累托法则一脉相承，该法则认为相对来说数量较少的原因往往造成绝大多数的问题或缺陷。

帕累托法则往往称为二八原理，即 80％的问题是 20％的原因所造成的。帕累托图在项目管理中，主要用来找出产生大多数问题的关键原因，用来解决大多数问题。

4. 控制图

常用于"规划质量、实施质量控制"过程中，是对生产过程关键质量特性值进行测定、记录、评估，并监测过程是否处于控制状态的一种图形方法。根据假设检验原理构造一种图，用于监测生产过程是否处于控制状态。它是统计质量管理的一种重要手段和工具。

控制图是一种有控制界限的图，用来区分问题原因是偶然的还是系统的，可以提供系统原因存在的资讯，从而判断生产处于受控状态。控制图按其用途可分为两类，一类是供分析用的控制图，用来控制生产过程中有关质量特性值的变化情况，看工序是否处于稳定受控状；另一类主要用于发现生产过程是否出现了异常情况，以预防产生不合格品。

5. SWOT 分析

常用于"识别风险"过程中，其中 S 代表 strength(优势)，W 代表 weakness(弱势)，O 代表 opportunity(机会)，T 代表 threat(威胁)。其中 S、W 是内部因素，O、T 是外部因素。这种方法常用于企业内部分析，即根据企业自身既定内在条件进行分析，找出企业优势、劣势及核心竞争力之所在。

6. 甘特图

一种直观、易懂、容易实现的进度计划表示方式，又称为横道图或者条状图(bar chart)，被大量的项目广泛使用。通过条状图显示项目、进度或其他事项进展的内在关系，以及随时间进展情况。"甘特图"显示了活动开始和结束日期，也显示了期望活动时间，但图中显示不出不同事项的相关性。

7. 项目网络图

一种能够显示出项目间前后次序和逻辑关系的图表示方式，同时也显示了项目关键路径与相应的活动。项目网络图是一种抽象的数学图表示方式，编制方法包括前导图法、箭线图法和条件图法等。在网络图基础上，还发展出一种有时间尺度的项目网络图。这种图功能更为强大，能够有效显示项目的前后逻辑关系、活动所需时间和进度方面信息。项目网络图最大的优势是，能够将关键项目输入计算机进行处理，从而找出其关键路径，帮助控制项目进度或者压缩项目时间，项目网络图一般用于较复杂的大型项目规划。

14.1.4 工作分解结构

项目范围管理确保项目做且只做成功完成项目所需的全部工作的各过程。确定和控制项目所包含和不包含的范围。在这个过程中，要求项目管理者所确定的项目范围是充分的；同时还要确定范围内不包括那些不必要的工作，剔除掉干扰因素；规定要做的工作能实现预期商业目标；同时以科学的技术和方法对项目进行范围制定，并进一步进行控制。

- 收集需求(规划过程组)
- 定义范围(规划过程组)
- 创建工作分解结构(规划过程组)
- 核实范围(监控过程组)
- 控制范围(监控过程组)

工作分解结构(work breakdown structure)是一个由以项目产品或服务为中心的子项目组成的项目“家族树”，它规定了项目的全部范围。工作分解结构是为方便管理和控制而将项目按等级分解成易于识别和管理的子项目，再将子项目分解成更小的工作单元，直至最后分解成具体的工作(或工作包)的系统方法，是项目范围规划的重要工具和技术之一。

工作分解结构具体的表示方法很多，最为常见的是层次结构图和锯齿列表的表示方式，如图 14-2 所示为根据 X 公司 CRM 系统开发的实际情况，设计的 WBS 层次结构图和部分锯齿列表。

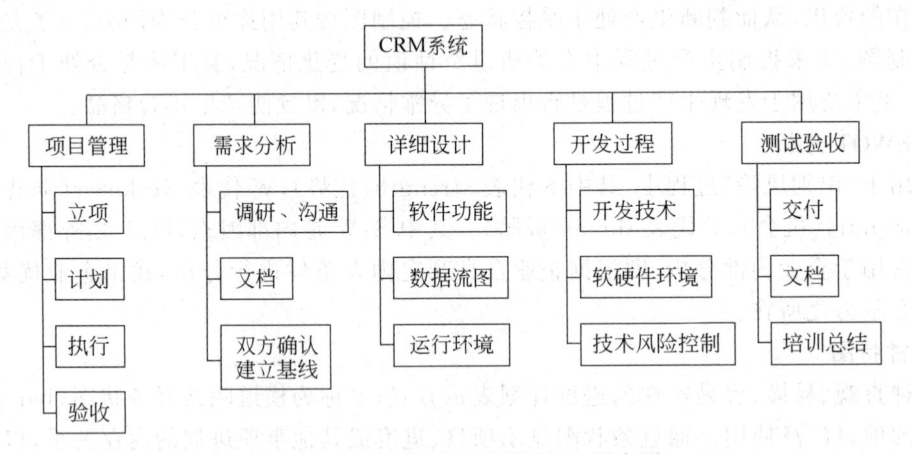

图 14-2　X 公司 CRM 系统 WBS 层次图

项目锯齿列表：(部分)

1 规划阶段

1.1 立项阶段

1.1.1 完成项目可行性研究报告

1.1.2 制订项目管理计划

1.1.3 制订项目风险管理计划

1.1.4 通过公司的立项评审

1.1.5 完成项目评估

1.2 准备招标和合同

1.2.1 根据项目目标制作招标书

1.2.2 准备招标

1.2.3 准备合同

2 计划阶段

2.1 项目计划

2.1.1 确定项目范围，提交需求分析

2.1.2 完成工作任务分解(WBS)

2.1.3 确定项目组成员，确定项目干系人

2.1.4 提交项目进度计划

2.1.5 提交项目成本预算

2.1.6 提交项目质量计划

2.2 其他事项

2.2.1 根据情况确定其他计划，如验收计划、培训技术和安全管理计划等形成验收测试计划

2.2.2 以上项目计划提交公司评审

14.1.5 项目约束条件

任何项目都会在范围、时间及成本三个方面受到约束，这就是项目管理的三约束。项目管理，就是以科学的方法和工具，在范围、时间和成本三者之间寻找到一个合适的平衡点，以便项目所有干系人都尽可能满意。项目是一次性的，旨在产生独特的产品或服务，但不能孤立地看待和运行项目。这要求项目经理要用系统的观念来对待项目，认清项目在更大的环境中所处的位置，这样在考虑项目范围、时间及成本时，就会有更为适当的协调原则。

1. 项目范围约束

项目范围就是规定项目的任务是什么。作为项目经理，首先必须搞清楚项目商业利润核心，明确把握项目发起人期望通过项目获得什么样的产品或服务。对于项目范围约束，容易忽视项目商业目标，而偏向技术目标，导致项目最终结果与项目干系人期望值之间的差异。

因为项目范围可能会随着项目进展而发生变化，从而与时间和成本等约束条件之间产生冲突，因此面对项目范围约束，主要是根据项目商业利润核心做好项目范围的变更管理。既要避免无原则地变更项目范围，也要根据时间与成本约束，在取得项目干系人一致同意的

情况下,合理地按程序变更项目范围。

2. 项目时间约束

项目时间约束就是规定项目需要多长时间完成,项目进度应该怎样安排,项目活动在时间上的要求以及各活动在时间安排上的先后顺序。当进度与计划之间发生冲突时,如何重新调整项目活动历时,以保证项目按期完成,或者通过调整项目总体完成工期,以保证活动时间与质量。

在考虑时间约束时,一方面要研究项目范围变化对项目时间的影响,另一方面要研究项目活动历时的变化对项目成本产生的影响。还要及时跟踪项目进展情况,通过对实际项目进展情况分析,提供给项目干系人一个准确报告。

3. 项目成本约束

项目成本约束就是规定完成项目的金钱花费。对项目成本计量,一般用花费资金数额来衡量,但也可以根据项目特点,采用特定计量单位来表示。关键是通过成本核算,能让项目干系人了解在当前成本约束之下,所能完成的项目范围及时间要求。当项目范围与时间发生变化时,会产生多大的成本变化,以决定是否变更项目范围、改变项目进度,或者扩大项目投资。

14.1.6 质量监控和项目风险

GB/T 19000—2008 中对"质量计划"的定义是:"对特定的项目、产品或合同规定由谁及何时应使用哪些程序和相关资源的文件。"质量属性包括了正确、可用等功能性属性,也包括了性能、安全、易用、可维护等非功能性属性。各质量属性间也存在正负相互作用力,提高某个质量属性会导致其他质量属性受影响,也会使项目进度成本等其他要素受到影响。

风险监控就是在风险事件发生时,实施风险管理计划中预定的应对措施。另外,当项目的情况发生变化时,要重新进行风险分析,并制定新的应对措施。在项目执行过程中,风险监控应是一个实时的、连续的过程。它应该针对发现的问题,及时采取措施。例如,2020 年年初新冠肺炎疫情突然暴发,很多工作受到了严重的影响,有可能会严重影响项目进度,遇到这种突发事件,项目经理需要积极联系协调,对项目进度计划进行重新评估;并采取线上会议等方式,积极沟通协调,以保证项目顺利完成。

项目风险会贯穿整个项目执行过程中,随着项目的进行,风险点会逐渐减少。有经验的项目经理能够提前识别项目风险,为公司挽回损失,因为风险作为一个事件,在一定程度上是可以预测、避免的,并且是可跟踪、可管理的。项目经理往往会采用风险监控标准,采用系统管理方法来规避风险。通过对风险评估、风险审计、技术指标分析、储备金分析、变差和状态分析等方法,来识别风险,进而控制、规避风险。

14.1.7 现代信息技术与项目管理

目前,在大型工程项目、工程承包企业、工程项目管理公司,现代信息技术已广泛应用于项目管理的可行性研究、计划、实施控制等各个阶段以及进度控制、成本管理、质量管理、合同管理、风险管理、工程经济分析、信息管理和库存管理等各个方面。

(1) 采用现代信息技术可以大量地储存信息,快速地处理和传输大量信息,实现项目信息的实时采集和快速传输,使项目管理系统能够高速有效地运行,使人们能更高效地进行资源优化配置，提高项目实施和管理效率。

现代信息技术有更大的信息容量，拓展人们信息来源的宽度和广度。

这在很大程度上提高了信息的可靠性和项目的透明度，不仅可以减少信息的加工和处理工作，而且能避免信息在传输过程中的失真现象，为项目实施提供高质量的信息服务。

(2) 现代信息技术加快了项目管理系统的反馈速度和反应速度，人们能够及时地发现问题，及时作出正确决策，从而降低了项目管理的成本，提高了项目管理的水平和效率。

(3) 现代信息技术能够进行复杂的计算和信息处理工作，如网络分析、资源和成本的优化以及线性规划等，促使一些现代化的管理手段和方法在项目中卓有成效地应用。能使项目管理高效率、高精确度和低费用，减少管理人员数目。

(4) 实现了项目参加者之间、项目与社会各方面以及项目的各个管理部门的联网。这使项目组织结构、组织程序、沟通方式、组织行为和管理方式都产生了根本性变革。

① 便于贯彻落实总目标。项目经理和上层领导容易发现问题，下层管理人员和执行人员也能更快、更容易地了解和领会上层的意图，使得各方面的协调更为容易。

② 促进了虚拟组织的形成和运作。

③ 现在人们可以在群体项目和企业多项目上，甚至在全球范围内的项目群上进行物流组织和供应链管理，在世界范围内进行资源优化组合等。

(5) 通过计算机虚拟现实，使项目实施过程和管理过程可视化，使项目计划准确性增加，同时为风险管理提供了很好的方法、手段和工具，使人们能够对风险进行有效而迅速的预测、分析、防范和控制。

(6) 为项目管理系统集成提供了强大的技术平台。

(7) 使人们能够更科学、方便地开展以下类型的项目管理。

① 大型的、特大型的、特别复杂的项目，以及群体项目。

② 能够进行多项目的计划、优化、控制和综合管理。

③ 能够实现工程项目实施的远程控制，如国际投资项目、国际工程等。

信息技术的应用是项目管理研究、开发和应用的主要领域之一。

14.2　典型题目分析

一、单选题

1. 项目管理的核心任务是项目的(　　)。

　A. 目标管理　　B. 目标规划　　C. 目标控制　　D. 目标比较

正确答案：C

答案解析：按项目管理学的基本理论，项目管理的核心任务是目标控制。目标控制系统包括质量控制、工期控制和成本控制。

2. 关于项目人力资源管理，正确的说法是(　　)。

　A. 人力资源管理的工作步骤中包括通过解聘减少员工

　B. 人力资源管理不包括员工的绩效考评

　C. 人力资源管理的主要特点是管理对象广泛

D. 人力资源管理的目的是减少人才流动

正确答案：A

答案解析：人力资源管理的工作步骤包括编制人力资源规划，通过招聘增补员工，通过解聘减少员工，进行人员甄选并确定和选聘到有能力的员工，员工的定向，员工的培训，形成能适应组织和不断更新技能与知识的能干的员工，员工的绩效考评，员工的业务提高和发展。

3. 关于项目的五个过程组的描述，不正确的是(　　)。

A. 并非所有项目都会经历五个过程组

B. 项目的过程组很少会是离散的或者只出现一次

C. 项目的过程组经常会发生相互交叠

D. 项目的过程组具有明确的依存关系并在各个项目中按一定的次序执行

正确答案：A

答案解析：对于任何项目都必须经历5个项目过程组。这5个项目过程组具有明确的依存关系并在各个项目中按一定的次序执行。它们与应用领域或特定产业无关。在项目完成前，通常个别项目过程组可能会反复出现。项目过程组内含的过程在其组内或组间也可能反复出现。

4. 可行性研究过程中，(　　)的内容是：从资源配置的角度衡量项目的价值，评价项目在实现区域经济发展目标、有效配置经济资源、增加供求、创造环境和提高人民生活等方面的效益。

A. 技术可行性研究　　B. 经济可行性研究

C. 社会可行性研究　　D. 市场可行性研究

正确答案：B

答案解析：经济可行性：主要是从资源配置的角度衡量项目的价值，评价项目在实现区域经济发展目标、有效配置经济资源、增加供应、创造就业、改善环境和提高人民生活等方面的效益。

5. 项目管理计划不包括(　　)。

A. 变更管理计划　　B. 变更日志

C. 配置管理计划　　D. 范围基准

正确答案：B

答案解析：项目管理计划中的以下信息可用于控制范围：①范围基准；②范围管理计划；③变更管理计划；④配置管理计划；⑤需求管理计划。

二、多选题

1. 项目质量控制体系的运行环境包括(　　)。

A. 项目的合同结构　　B. 质量管理的人员配置

C. 质量管理的政府监督制度　　D. 质量管理的物质资源配置

E. 质量管理的组织制度

正确答案：ABDE

答案解析：项目运行环境包括：①项目的合同结构；②质量管理的资源配置，包括专职的工程技术人员和质量管理人员的配置；实施技术管理和质量管理所必需的设备、设施、器具、软件等物质资源的配置,人员和资源的合理配置是质量控制体系得以运行的基础条件;③质量管理的组织制度。

2. 下列工程合同风险中,属于信用风险的有(   )。

A. 知假买假　　B. 偷工减料　　C. 物价上涨　　D. 违法分包

E. 拖欠工程款

正确答案:ABDE

答案解析:本题考查的是施工合同风险管理,按照合同风险产生的原因可以分为合同工程风险和合同信用风险。合同信用风险是指主观故意原因导致的,表现为合同双方的机会主义行为,如业主拖欠工程款、承包商层层转包、非法分包、偷工减料、以次充好和知假买假等。

3. 直方图的分布形状及分布区间宽窄取决于质量特性统计数据的(   )。

A. 最大值　　B. 最小值　　C. 平均值　　D. 离散性

E. 标准偏差

正确答案:CE

答案解析:直方图的分布形状及分布区间宽窄是由质量特性统计数据的平均值和标准偏差所决定的。

4. 项目管理的四个阶段包括(   )。

A. 识别需求阶段　　B. 提出解决方案阶段

C. 执行项目阶段　　D. 结束项目阶段

正确答案:ABCD

答案解析:确定了项目要实施时,根据项目管理的要求,将项目过程分为识别需求阶段、提出解决方案阶段、执行项目阶段和结束项目阶段,也叫作规划阶段、计划阶段、实施阶段和完成阶段。

5. 施工成本计划的编制方式有(   )。

A. 按施工工程实施阶段编制施工成本计划

B. 按施工成本组成编制施工成本计划

C. 按施工质量编制施工成本计划

D. 按施工合同编制施工成本计划

E. 按施工项目组成编制施工成本计划

正确答案:ABE

答案解析:施工成本计划的编制方式有以下方面。①按成本组成编制施工成本计划;②按项目结构编制施工成本计划;③按工程实施阶段编制施工成本计划。

三、填空题

1. 项目基准是计划经过发起人审批后形成的文件,一般包括________、________和________。

正确答案:范围基准、进度基准、成本基准

答案解析:项目范围管理是指明确项目的边界在哪里,只做在项目边界内的工作,项目边界之外的工作一律不做。经过批准的进度模型,只有通过正式的变更控制程序才能进行变更,用作与实际结果进行比较的依据。经过批准的、按时间段分配的项目预算,不包括任何管理储备,只有通过正式的变更控制程序才能进行变更,用作与实际结果进行比较的依据。

2. ________(work breakdown structure)是一个由以项目产品或服务为中心的子项目组成的项目"家族树",它规定了项目的全部范围。

正确答案:工作分解结构

答案解析:略。

3. 每个项目会涉及许多组织、群体或个人的利益,它们构成了项目的相关利益主体,这些统称为________。

正确答案:项目干系人

答案解析:略。

4. ________是一种直观、易懂、容易实现的进度计划表示方式,又称为横道图或者条状图(bar chart),被大量的项目广泛使用。

正确答案:甘特图

答案解析:略。

5. ________是一种能够显示出项目间前后次序和逻辑关系的图表示方式,同时也显示了项目关键路径与相应的活动。

正确答案:项目网络图

答案解析:略。

四、判断题

1. 项目管理是项目的管理者,在有限的资源约束下,运用系统的观点、方法和理论,对项目涉及的全部工作进行有效管理。 ( )

A. 正确　　B. 错误

正确答案:A

答案解析:略。

2. 某公司在软件开发的过程中,老板接到甲方电话要求增加某项功能,于是告知技术人员增加额外的需求,这符合项目管理规定。 ( )

A. 正确　　B. 错误

正确答案:B

答案解析:项目范围只有通过正式的变更控制程序才能进行变更,用作比较的依据。

3. 管理层审查决策的周期比预期时间长;预算削减,打乱项目计划;管理层做出了打击项目组织积极性的决定;缺乏必要的规范,导致工作失误与重复工作等这些都是项目正常现象。 ( )

A. 正确　　B. 错误

正确答案:B

答案解析:这些现象都是常见项目风险,需要进行风险管理。

4. 项目管理主要涉及九个领域:范围、时间、费用(成本)、质量、人力资源、风险、沟通、采购、整体。 ( )

A. 正确　　B. 错误

正确答案:A

答案解析：略。

5. 风险管理是用以降低风险消极结果的决策过程，通过风险识别、风险估测、风险评价等过程，并在此基础上选择与优化组合各种风险管理技术，对风险实施有效控制和妥善处理风险所致损失的后果，从而以最小的成本收获最大的安全保障。　　(　　)

A. 正确　　　　B. 错误

正确答案：A

答案解析：略。

更多练习二维码

14.3 实训任务

1. 分析你所在的校园，列出校园管理信息系统的简单功能。
2. 假如你是一个校园网站建设项目的项目经理，写出项目管理过程。

第 15 章　云计算技术

15.1　知识点分析

云计算 1

云计算是一种利用互联网，实现随时随地、按需、便捷地使用和共享计算设施、存储设备、应用程序等资源的计算模式。熟悉和掌握云计算技术及关键应用，是助力新基建、推动产业数字化升级、构建现代数字社会、实现数字强国的关键技能之一。本章主要包括云计算基础知识和模式、技术原理和架构以及主流产品和应用等知识点。

15.1.1　云计算基本概念

云计算 2

云计算定义可以这样理解："云计算是一种分布式计算模式。利用多台服务器构建成一个系统，将庞大的、待处理的信息数据划分为一个又一个微小的程序，通过互联网传输给系统进行分别处理，当系统出现最终结果后再传送给使用者。这种划分方式类似于电网网格工作方式，起初云计算被称为网格计算，多台服务器构建成一个庞大的系统，能够提供足够大的运算和存储能力，从而能够完成较大规模数据处理，并提供较大运算能力，可以通过网络提供算力和存储共享。"

一些机构从节约角度给出云计算定义："云计算是以付费的方式供人们使用的并且以使用量的多少进行收费，在这种方式下会提供灵活性高、可操作性强、满足使用者所需的互联网访问渠道，直接进入资源共享池配以相关的计算。云计算能够在最低的使用成本以及与云计算服务商有最少交互的基础上，实现对资源的配置合理化，让使用者可以按需获取 CPU 的处理功能、数据存储空间和信息管理服务等资源。"

IBM 公司在其发布的白皮书中，对云计算的描述是："云计算既能为使用者提供系统平台服务，即作为基础设施来构建系统的应用程序，又能作为易扩展的应用程序，通过网络途径进行访问。在这种情况下，使用者只需要在高速稳定的网络环境下，通过计算机或移动设备就可轻松访问云计算应用程序，进行后续业务工作。"

云计算是计算机相关信息系统发展到一定阶段自然而然产生的，当前大部分系统都需要云计算技术支持。

15.1.2　云服务

云服务包括基础设施即服务(IaaS)、平台即服务(PaaS)和软件即服务(SaaS)三个方面，如图 15-1 所示。

1. 基础设施即服务(IaaS)

IaaS 为用户提供业务系统运行的软硬件基础，主要包括以下方面。

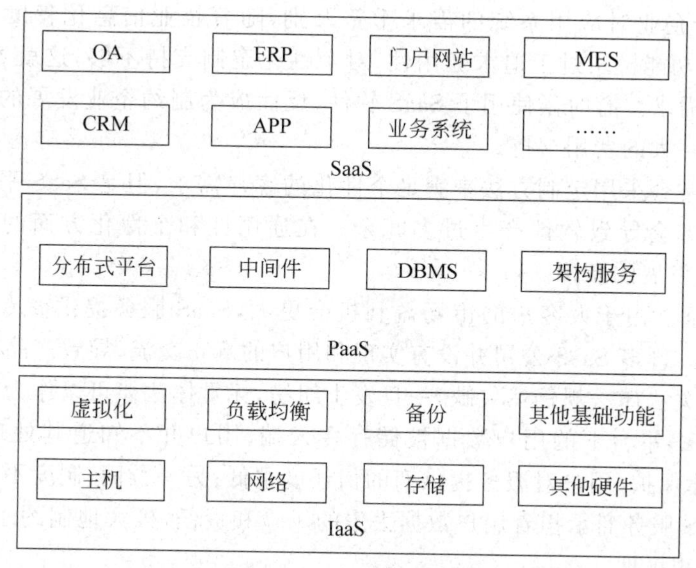

图 15-1　云服务三层体系

(1) 计算资源服务：根据业务系统需要提供虚拟主机、主机托管等服务。使用云平台的各种弹性计算服务，实现计算资源集中管理、动态分配、弹性扩展和运维减负，实现算力按需分配。

(2) 存储资源服务：针对大容量存储、安全存储等需求，提供存储服务。使用云平台块存储、对象存储等云存储服务，提高数据存储的经济性、安全性和可靠性。

(3) 网络资源服务：对于一些功能较复杂、业务量大的系统，需要建设专网、私有云等。使用云平台虚拟专有云、虚拟专有网络和负载均衡等网络服务，高效安全利用云平台网络资源。

(4) 安全防护服务：企业在建设完备的业务系统之后，如果全部购买专业的安全设备，价格高昂还容易造成浪费，通过使用云安全防护，可以大大降低成本。使用云上主机安全防护、网络攻击防护、应用防火墙、密钥/证书管理和数据加密保护等安全服务，提高信息安全保障能力。

2. 平台即服务(PaaS)

平台即服务中的平台，大部分指中间件或者类似中间件功能的软件。软件开发企业也可以根据用户需求，在 PaaS 平台上进行二次业务开发，减少开发成本，加快开发速度。

这里中间件和物联网系统中间件概念一样，是一种独立的系统软件服务程序，是介于应用软件和系统软件之间的一类软件，它使用系统软件所提供的基础服务(功能)，衔接网络上软件系统的各个部分或不同的功能，能够达到资源共享、功能共享目的。

3. 软件即服务(SaaS)

供应商将应用软件统一部署在自己的服务器上，客户可以根据工作实际需求，通过互联网向厂商定购所需的应用软件服务。

显然 SaaS 有很多优点，具有强大发展前途，但是 SaaS 发展到目前，也有一些缺点需要克服。

(1) 技术方面。软件个性化定制技术尚未成熟，尽管某个行业相似企业会产生一些相似需求,但是每个企业对应用系统的需求千差万别,随着企业信息化程度不断提升,一些SaaS软件产品的功能模块过于追求通用性,对个性化定制支持不够,这就容易导致不能满足个性化企业的需求。有时候使用了SaaS软件,反而成为制约企业发展的瓶颈,因为系统移植和搬迁需要巨大的费用支持。

传统软件通常会采用定制方法来满足个性化的客户需求,但是SaaS平台追求通用性,过多的定制化服务会导致软件产生过多冗余。在通用性和个性化方面的互相矛盾,成为SaaS软件或平台发展的瓶颈。

(2)管理方面。由于大客户的市场盈利机会更大,SaaS服务提供商专注于大型客户,中小客户被忽略。许多SaaS公司并没有实现和用户的真正交流,导致产品不能和用户的真实需求接轨。相关法律法规仍然欠缺,一旦发生纠纷,无具体法律可以作为依据。对于用户而言,一方面,SaaS平台下的用户数据被储存在云端,用户并不知道其处理过程和存放位置,数据缺乏法律保护,用户对服务提供商的信任度很低;另一方面,制度不完善使得不法分子有机可乘,SaaS服务商承担着用户数据丢失的风险和责任,极大地制约了SaaS服务商创新及开拓市场的积极性。

(3)安全方面。大多数企业不愿意使用SaaS的原因是,不愿意或者不敢相信平台服务商。提供云服务的供应商大部分也是企业,不可避免会因为技术或者个别员工问题,导致数据泄露或者丢失,一旦发生这种情况,对于一些中小企业来讲,可能是致命的。而很多用户共用一个云平台,这种交互使用模式,容易导致安全漏洞发生。

15.1.3 私有云、公有云和混合云

(1)私有云:企业或者组织运用云计算技术自己建设的、仅供内部使用的云服务,通常也可以称为“专有云”。私有云由于云服务仅供自身使用,安全性、保密性更高,且能够更好发挥硬件效用,因此学校、政府、大型企业、邮电和银行等企业组织,广泛使用私有云为业务系统提供支撑。

(2)公有云:与私有云相对应,为了出租给公众的大型基础设施云,提供丰富的IaaS、PaaS、SaaS服务等云服务,称为公有云。

(3)混合云:组织充分利用自己硬件基础,建成服务自身的私有云,同时也租赁一些公有云获取更高性价比的服务,这样的云服务基础称为混合云。

15.1.4 云架设

1. 虚拟化

虚拟化是云计算核心技术之一,在完成物理硬件(高性能服务器、中心机房和网络)的安装之后,为了提高硬件使用效率,一般都会进行虚拟化,常见的虚拟化软件是OpenStack,如图15-2所示为基于虚拟化的私有云体系架构。

OpenStack是Apache许可授权自由软件和开放源代码项目(关于Apache和开源我们这里不再赘述),主要为云平台建设和管理服务,最初由Rackspace和NASA共同发起。它能够有效简化云部署并带来较高扩展性。

由于是开源软件,并且最近几年云计算相关技术飞速发展,因此OpenStack不断更新。截至Icehouse版本,总共有10个子项目。

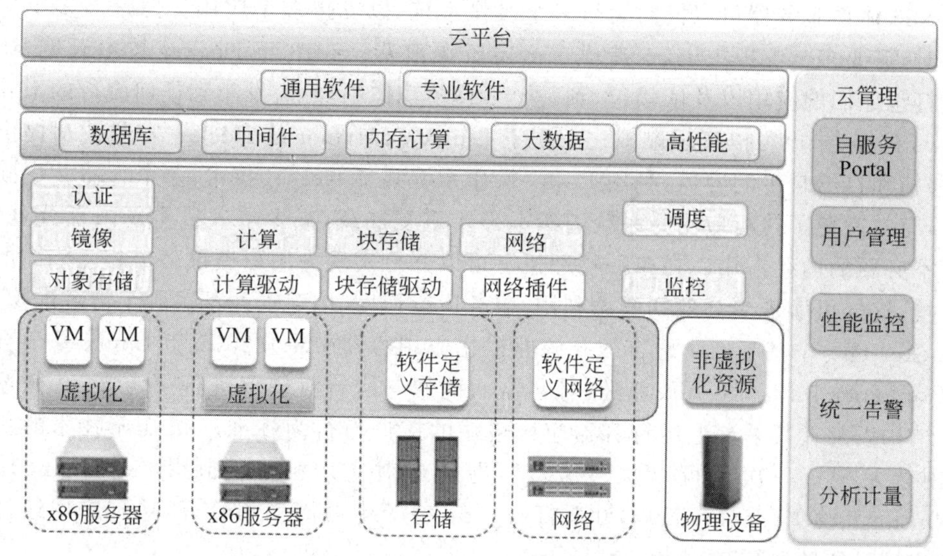

图 15-2　基于虚拟化的私有云体系架构

(1) Nova 计算服务：最初的也是最为核心的项目之一，负责虚拟机创建、开机、关机、挂起、暂停、调整、迁移、重启和销毁等操作，配置 CPU、内存等信息规格。

(2) Neutron 网络服务：网络虚拟化技术，为 OpenStack 其他服务提供网络连接服务。为用户提供接口，可以定义 Network、Subnet 和 Router，配置 DHCP、DNS、负载均衡和 L3 服务，网络支持 GRE、VLAN。插件架构支持许多主流的网络厂家和技术，如 OpenvSwitch。

(3) Swift 存储服务：用于在大规模可扩展系统中通过内置冗余及高容错机制实现对象存储的系统，允许进行存储或者检索文件。

(4) Cinder 块存储服务：为运行实例提供稳定的数据块存储服务，它的插件驱动架构有利于块设备的创建和管理，如创建卷、删除卷以及在实例上挂载和卸载卷。

(5) Glance 虚拟机镜像查找及检索系统：支持多种虚拟机镜像格式(AKI、AMI、ARI、ISO、QCOW2、Raw、VDI、VHD 和 VMDK)，有创建上传镜像、删除镜像和编辑镜像基本信息的功能。

(6) Keystone 认证服务：为 OpenStack 其他服务提供身份验证、服务规则和服务令牌的功能，管理 Domains、Projects、Users、Groups 和 Roles。

(7) Horizon UI 服务：OpenStack 中各种服务的 Web 管理门户，用于简化用户对服务的操作。

(8) Ceilometer 监控服务：把 OpenStack 内部发生的几乎所有的事件都收集起来，然后为计费和监控以及其他服务提供数据支撑。

(9) Heat 集群服务：实现云基础设施软件运行环境(计算、存储和网络资源)的自动化部署。

(10) Trove 数据库服务：为用户在 OpenStack 的环境提供可扩展以及可靠的关系和非关系数据库引擎服务。

2. Docker(容器)

虚拟化技术能够将一台高性能服务器虚拟为多台，也可以整合多台虚拟服务器资源，使得一台 x86 体系服务器可以同时运行多个操作系统,以支持多个应用。但是当多个应用同时运行时,需要多个虚拟主机,这造成了一定资源浪费。2013 年 Docker 技术诞生,让开发者可以打包他们的应用以及依赖包,到一个可移植镜像中,然后发布到任何流行的 Linux 或 Windows 机器上,也可以实现虚拟化。基于 Linux Container 的 Docker 容器技术提供轻量级、可移植和自给自足的容器,利用 Linux 操作系统共享 Kernel 技术,多个容器共享同一系统内核,有效避免了执行应用时系统内核不必要重复加载,减少了大量重复内存分页,从而减少了不必要的内存占用。在单一物理机上可以并行实现为用户提供多个相互隔离的操作系统环境,这样可实现更高效的资源利用,服务运行速度、内存损耗都远胜于传统虚拟技术。

Docker 是一个基于 GO 语言的开源虚拟化应用容器引擎。2015 年 Linux 基金会发布 Open Container Initiative 开放标准,对容器的镜像与运行时规范进行了定义,并概述了容器镜像结构以及在其平台上运行容器应该遵循的接口与行为标准。Docker 技术的目标是"只需创建及配置一次就可以永久运行",即通过对应用组件的封装(packaging)、分发(distribution)、部署(deployment)和运行(runtime)等生命周期的管理,达到应用组件级别的"一次封装,到处运行"。

虚拟机和 Docker 技术架构区别如图 15-3 所示。

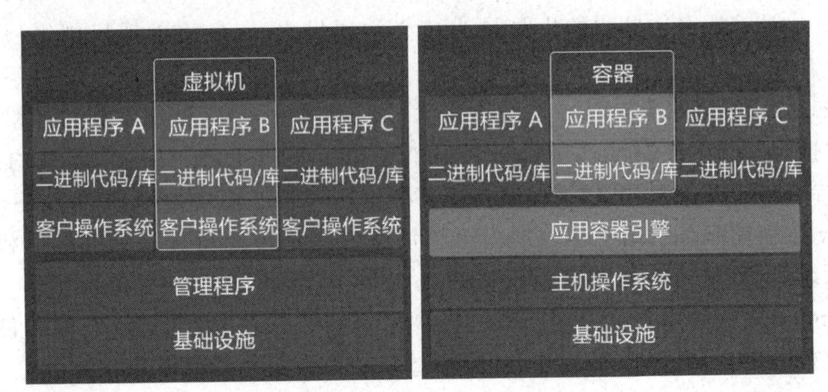

图 15-3 虚拟机和 Docker 技术架构区别

15.1.5 工业互联网

2012 年,美国通用电气公司提出"工业互联网"理念:以材料为突破口,通过软件运用与大数据处理,在智能机器之间连接,整合与融合传统工业和互联网革命,提升工业能效,兴起工业领域新变革。

2013 年,德国提出"工业 4.0"(Industry 4.0)战略,启动了继蒸汽机、内燃机和电子信息技术之后又一轮新的工业革命。"工业 4.0"属于德国高技术战略,是德国政府高度重视的十大项目之一。德国联邦教育局、德国联邦经济技术部投入数以亿计的资金,扶持推动德国"工业 4.0"战略,德国产业界、学术界迅速掀起"工业 4.0"改革研究热潮。

工业互联网是新一代信息技术和工业融合发展的结果,是第四次工业革命的重要基石,成为本次工业革命的根本推动力量。伴随新一代信息技术的发展和向工业领域渗透,工业各个领域的数字化、网络化和智能化成为第四次工业革命核心内容。工业互联网就是新一代信息技术与工业系统全方位深度融合,在这种融合状态下形成新的产业和应用生态,奠定了工业数字化、网络化和智能化发展的信息基础设施。

工业互联网实际上是物联网概念在工业领域的应用，代表了在工业领域人、机和物全面互联，从而进一步形成全要素、全产业链和全价值链全面连接。通过互联互通，能够方便地对采购、生产和销售全过程进行数据采集、传输、存储和分析，在这个过程中云计算、大数据、人工智能和区块链等技术广泛应用，从而形成全新的生产制造和服务体系。

工业互联网实现了从需求到生产全过程信息化，并且在这个过程中，云计算平台起了基础性作用。工业互联网需要企业内外网合一，需要整合大量传感数据、自动化数据和企业管理数据，需要同时连通多个应用。云计算平台是实现工业互联网的基础。

15.1.6　云计算应用趋势

国内知名的 IT 企业均建立了专门从事云计算相关业务的公司，并提供丰富的服务和解决方案，图 15-4 是百度云提供的云计算相关服务。

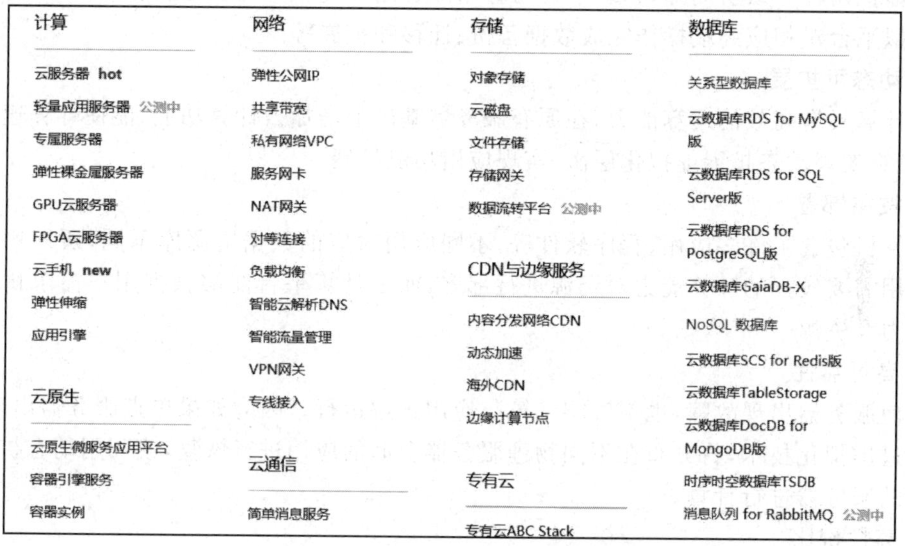

计算
云服务器 hot
轻量应用服务器 公测中
专属服务器
弹性裸金属服务器
GPU云服务器
FPGA云服务器
云手机 new
弹性伸缩
应用引擎
云原生
云原生微服务应用平台
容器引擎服务
容器实例
网络
弹性公网IP
共享带宽
私有网络VPC
服务网卡
NAT网关
对等连接
负载均衡
智能云解析DNS
智能流量管理
VPN网关
专线接入
云通信
简单消息服务
存储
对象存储
云磁盘
文件存储
存储网关
数据流转平台 公测中
CDN与边缘服务
内容分发网络CDN
动态加速
海外CDN
边缘计算节点
专有云
专有云ABC Stack
数据库
关系型数据库
云数据库RDS for MySQL版
云数据库RDS for SQL Server版
云数据库RDS for PostgreSQL版
云数据库GaiaDB-X
NoSQL 数据库
云数据库SCS for Redis版
云数据库TableStorage
云数据库DocDB for MongoDB版
时序时空数据库TSDB
消息队列 for RabbitMQ 公测中

图 15-4　百度云提供的云计算相关服务

随着信息化的应用和发展，当前大部分行业和领域的信息系统都建设在云服务上，如图 15-5 所示为阿里云基于云计算的行业解决方案。随着云计算及其相关技术的推广，大部分企业不再需要建立自己的计算中心或存储中心，而是将信息系统架设在云平台上，既能够获取所需要算力和存储空间，满足了多地办公、移动办公的需求，又节省了建设资金、人力资源。同时，由于大部分云服务企业集中业内最好的人才和软硬件资源，系统的可靠性、安全性大大提高。

云计算具有如下优势与特点。

1. 高灵活性

目前市场上大多数 IT 资源都支持虚拟化，如存储网络、操作系统和开发软、硬件等。虚拟化要素统一放在云系统资源虚拟池中进行管理，可见云计算的兼容性非常强，不仅可以兼容低配置机器、不同厂商的硬件产品，还能利用外设获得更高性能算力。

新零售 >	数字政府 >	教育 >	医疗健康 >
新零售通用	互联网+监管	在线教育企业	基因组学
零售云业务中台	互联网+监管	在线教育	新型冠状病毒全基因组分析
智能供应链	政务	在家学	基因计算分析
大促营销数据库	产业经济智能分析	高校教育	三代测序组装
全域数据中台	政务行业云	教育数据中台	医疗机构
新零售智能客服	政企标准地址服务	智慧教学	医疗机构精细化绩效运营管理
大快销	政企数据中台建设	科研云	新型冠状病毒肺炎CT辅助诊断
消费者资产运营分析	云展会	K12教育	影像云

图 15-5　阿里基于云计算的行业解决方案

2. 虚拟化技术

虚拟化突破了时间、空间的界限,是云计算最为显著的特点,虚拟化技术包括应用虚拟和资源虚拟两种。众所周知,物理平台与应用部署的环境在空间上是没有任何联系的,正是通过虚拟平台对相应终端操作完成数据备份、迁移和扩展等。

3. 动态可扩展

云计算具有高效的运算能力,在原有服务器基础上增加云计算功能,能使计算速度迅速提高,最终实现动态扩展虚拟化层次,实现应用功能扩展。

4. 按需部署

计算机包含了许多应用、程序软件等,不同应用对应的数据资源库不同,所以用户运行不同应用需要较强的计算能力对资源进行部署,而云计算平台能够根据用户需求快速配备计算能力及资源。

5. 高可靠性

即使服务器出现故障,也不影响计算与应用正常运行。因为如果单点服务器出现故障,可以通过虚拟化技术,将分布在不同物理服务器上面的应用进行恢复,或利用动态扩展功能部署新的服务器进行计算。

6. 高性价比

将资源放在虚拟资源池中统一管理,在一定程度上优化了物理资源,用户不再需要昂贵、存储空间大的主机,可以选择相对廉价的 PC 组成云,一方面减少费用,另一方面计算性能不逊于大型主机。

7. 可扩展性

用户可以利用应用软件的快速部署,对自身所需的已有业务以及新业务进行扩展。计算机云计算系统中出现设备的故障,无论是在计算机层面上,还是在具体运用上均不会受到阻碍,可以利用动态扩展功能来对其他服务器进行扩展,这样一来就能够确保任务得以有序完成。在对虚拟化资源进行动态扩展的同时能够高效扩展应用,提高计算机云计算操作水平。

15.1.7　雾计算和边缘计算

2011 年人们提出了雾计算的概念,雾计算强调的不是大型服务器计算能力,而是由性能较弱、更为分散的各种功能计算机组成,并且可以接入电器、工厂、汽车、街灯、生活中的各种物品。雾计算是介于云计算和个人计算之间的，是半虚拟化的服务计算架构模型，强调数量，不管单个计算节点能力多么弱都要发挥作用。

在需要低延时、位置感知、广泛地理分布和适应移动性应用等方面，雾计算比云计算更为适用。这些特征使得移动业务部署更加方便，满足更广泛的节点接入。但是雾计算收集处理数据时往往需要汇总起来，由云计算中心接管，以进行数据分析、数据挖掘等工作。

边缘计算指在靠近物或数据源头的网络边缘侧，采用集网络、计算、存储、应用核心能力于一体的开放平台，就近提供最近端服务。雾计算和边缘计算的区别在于，雾计算更具有层次性和平坦的架构，其中几个层次形成网络；而边缘计算依赖不构成网络的单独节点。雾计算在节点之间具有广泛对等互连能力，边缘计算在孤岛中运行其节点，需要通过云实现对等流量传输。

15.2　典型题目分析

一、单选题

1. 云计算是对(　　)技术的发展与运用。

A. 并行计算　　B. 网格计算　　C. 分布式计算　　D. 三个选项都是

正确答案：D

答案解析：云计算是对并行计算、网格计算和分布式计算技术的发展与运用。

2. 一般认为，我国的云计算产业链主要分为四个层面，其中包含底层元器件和云基础设施的是(　　)。

A. 基础设施层　　B. 平台与软件层

C. 运行支撑层　　D. 应用服务层

正确答案：A

答案解析：云计算产业链基础设施层包含底层元器件和云基础设施，主要是硬件部分。

3. 将平台作为服务的云计算服务类型是(　　)。

A. IaaS　　B. PaaS　　C. SaaS　　D. 三个选项都不是

正确答案：B

答案解析：云服务包括基础设施即服务(IaaS)、平台即服务(PaaS)和软件即服务(SaaS)。

4. DaaS 是指(　　)。

A. 软件即服务　　B. 数据即服务　　C. 安全即服务　　D. 桌面即服务

正确答案：B

答案解析：DaaS 是指数据即服务，这不属于云计算三个大的服务方面，是一种概念的拓展。

5. 工业互联网的总体技术主要是指(　　)。

A. 对工业互联网作为系统工程开展研发与实施过程中涉及的整体性技术

B. 不包括工业互联网的体系架构、各类标准规范构成的标准体系、产业应用模式等

C. 从工业技术与互联网技术层面支撑工业互联网系统搭建与应用实施的各类相关技术

D. 包括物联网技术、网络通信技术、云计算技术、工业大数据技术以及信息安全技术

正确答案:A

答案解析:工业互联网的总体技术主要是指对工业互联网作为系统工程开展研发与实施过程中涉及的整体性技术。

二、多选题

1. 从研究现状上看,下列属于云计算特点的是( )。

A. 超大规模　　B. 虚拟化　　C. 私有化　　D. 高可靠性

正确答案:ABD

答案解析:云计算的特点是超大规模、虚拟化和高可靠性,私有化并不是其主要特点。

2. 从服务方式角度来看,属于云计算分类的是( )。

A. 私有云　　B. 金融云　　C. 混合云　　D. 公有云

正确答案:ACD

答案解析:从服务方式角度来看,云计算分为私有云、公有云和混合云。

3. 下列( )特性是虚拟化的主要特征。

A. 高拓展性　　B. 高可用性　　C. 高安全性　　D. 实现技术简单

正确答案:ABC

答案解析:虚拟化的主要特征包括高拓展性、高可用性和高安全性,虚拟化技术并不简单,相对于单机服务器更复杂。

4. 关于Docker和虚拟机的区别,下列说法正确的是( )。

A. Docker需要的资源更少

B. Docker更轻量

C. 与虚拟机相比,Docker隔离性更强

D. Docker属于进程之间的隔离,虚拟机可实现系统级别隔离

正确答案:ABD

答案解析:与虚拟机相比,Docker隔离性更弱。

5. 以下属于云计算优势的是( )。

A. 高灵活性　　B. 动态可扩充　　C. 按需部署　　D. 通用性

正确答案:ABC

答案解析:云计算具有高灵活性、虚拟化技术、动态可扩展、按需部署、高可靠性、高性价比和可扩展性等优势与特点。

三、填空题

1. 云计算是一种________式的计算模式。

正确答案:分布

答案解析:略。

2. 云服务包括________、________和________。

正确答案:IaaS、PaaS、SaaS

答案解析:云服务包括基础设施即服务(IaaS)、平台即服务(PaaS)和软件即服务

(SaaS)。

3. 在完成物理硬件(高性能服务器、中心机房和网络)的安装之后,为了提高硬件的使用效率,一般都会进行________。

正确答案:虚拟化

答案解析:通过虚拟化可以提高硬件利用率,实现根据应用需求来调度物理硬件算力和存储空间。

4. Google App Engine 属于________类型的产品。

正确答案:PaaS

答案解析:Google App Engine 属于 PaaS 类型的产品。

5. Docker 启动快速属于________级别。虚拟机通常需要几分钟去启动。

正确答案:秒

答案解析:Docker 启动快速属于秒级别,相对于虚拟机,其具有轻量化优势。虚拟机通常需要几分钟去启动。

四、判断题

1. IaaS 包括分布式平台、中间件、DBMS 和架构服务。　　(　　)

A. 正确　　B. 错误

正确答案:B

答案解析:PaaS 包括分布式平台、中间件、DBMS 和架构等方面服务,而 IaaS 是基础设施,主要提供硬件和系统软件服务。

2. 基础设施即服务主要为用户提供业务系统运行的软硬件基础。　　(　　)

A. 正确　　B. 错误

正确答案:A

答案解析:略。

3. 私有云:与公有云相对应,为了出租给公众的大型基础设施云,提供丰富的 IaaS、PaaS 和 SaaS 服务等云服务。　　(　　)

A. 正确　　B. 错误

正确答案:B

答案解析:公有云与私有云相对应,为了出租给公众的大型基础设施云,提供丰富的 IaaS、PaaS 和 SaaS 服务等云服务。

4. 基于 Linux Container 的 Docker 容器技术提供重量级、可移植和自给自足的容器,利用 Linux 操作系统共享 Kernel 技术,多个容器共享同一系统内核。　　(　　)

A. 正确　　B. 错误

正确答案:B

答案解析:基于 Linux Container 的 Docker 容器技术提供轻量级、可移植和自给自足的容器,利用 Linux 操作系统共享 Kernel 技术,多个容器共享同一系统内核。

5. 云计算技术用户可以利用应用软件的快速部署条件,来更为简单快捷地对自身所需的已有业务以及新业务进行扩展。　　(　　)

A. 正确　　B. 错误

正确答案：A

答案解析：略。

更多练习二维码

15.3 实训任务

1. 通过下载和使用百度网盘,体验云存储。
2. 请给出×××公司的轻量级私有云建设方案。

第 16 章　大数据技术

16.1　知识点分析

大数据是指无法在一定时间范围内，用常规软件工具获取、存储、管理和处理的数据集合，具有数据规模大、数据变化快、数据类型多样和价值密度低四大特征。熟悉和掌握大数据相关技能，将会更有力地推动国家数字经济建设。本章包括大数据基础知识、大数据系统架构、大数据分析算法、大数据应用及发展趋势等知识点。

16.1.1　大数据的概念和特征

数据(data)是事实或观察的结果，是对客观事物的逻辑归纳。在计算机中，数据最终被转换为 ASCII 码形式并存储在硬盘上，字符、数字、文本、声音、图片和视频都是数据。

数据元素(data element)是数据的基本单位，数据元素也称为结点或记录。

数据库就是存放数据的仓库，大多数数据库都是关系型数据库。为管理数据库而设计的计算机软件系统叫作数据库管理系统，数据库管理系统能够实现数据的存储、截取、安全保障和备份等基础功能，而数据库就是存储仓库。

一个关系数据库往往由很多张表格构成，表格中表头称为字段，数据在表中以行为单位进行存储，一行就称为一条记录。

能够与物质世界对应，并且能够以二元关系存放在二维表格中的数据，我们称为结构化数据，如数字、文字、日期和符号等。还有一些数据，不能或者不方便存放在数据库的表中，如文件、图片、声音、视频等，我们称为非结构化数据。非结构化数据处理起来比较复杂，一般将其索引(文件名、文件路径)存放在数据库中，程序通过索引来使用结构化数据。

麦肯锡全球研究所给出的关于大数据的定义：一种规模大到在获取、存储、管理和分析方面大大超出了传统数据库软件工具能力范围的数据集合。

研究机构 Gartner 给出大数据的定义："大数据"是需要新处理模式才能具有更强的决策力、洞察发现力和流程优化能力来适应海量、高增长率和多样化的信息资产。

大数据一般需要满足三条：其一，数据量很大，一般都在几个吉字节(GB)以上，并且会以"GB"的速度增加；其二，处理的数据类型比较复杂，不仅包括结构化数据，还包括非结构化数据；其三，处理数据的技术和方法与以往几乎完全不同。从专家角度看，大数据并不仅仅是数据量比较大，而是代表了完全不同的两种技术体系。大数据具有以下特征。

(1) 容量(volume)大：无论是结构化数据还是非结构化数据，数据量都比较大，一般是在吉字节(GB)、太字节(TB)级别以上，甚至拍字节(PB)级别以上。

(2) 种类(variety)多：数据类型具有多样性。

(3) 增长速度(velocity)快：数据量不是一成不变，而是在不停增加。

(4) 真实性(veracity)弱：数据来源不确定，具有很多噪声性数据，数据质量没有保证。

(5) 复杂性(complexity)高：数据量来源复杂，数据构成复杂。

16.1.2 大数据获取

获取数据是应用大数据技术解决问题的首要任务，收集足够的、未经过任何加工的原始数据。

网络爬虫(又称为网页蜘蛛、网络机器人)是一种按照一定规则，自动地抓取互联网数据的程序或者脚本。

网络爬虫实际上是用 Python 加脚本语言编写的程序，爬虫程序运行时，能够按照设定的规则对网页(现在已经开发出 App 爬虫)发起申请，并获取网页上相关数据，然后把数据按照程序设计者预先设计好的格式，保存到相应文件或数据库中。

16.1.3 大数据存储

因为数据量太大，需要采取分布式方式存储。分布式存储需要将数据分别存放在不同的计算机(数据库服务器)上，这就需要一种能够支持分布式存储和计算的大数据处理平台，目前最常用的是 Hadoop 平台。

1. Hadoop 平台

Hadoop 平台是一个开源的分布式计算框架，核心组件包括图 16-1 中 Hadoop 分布式文件系统(Hadoop distributed file system，HDFS)、MapReduce 计算编程模型和 HBase 数据仓库等，目前大部分与大数据有关的技术和软件都基于 Hadoop 平台，该平台具有低成本、高可用、高可靠、高效率和可伸缩等优点。

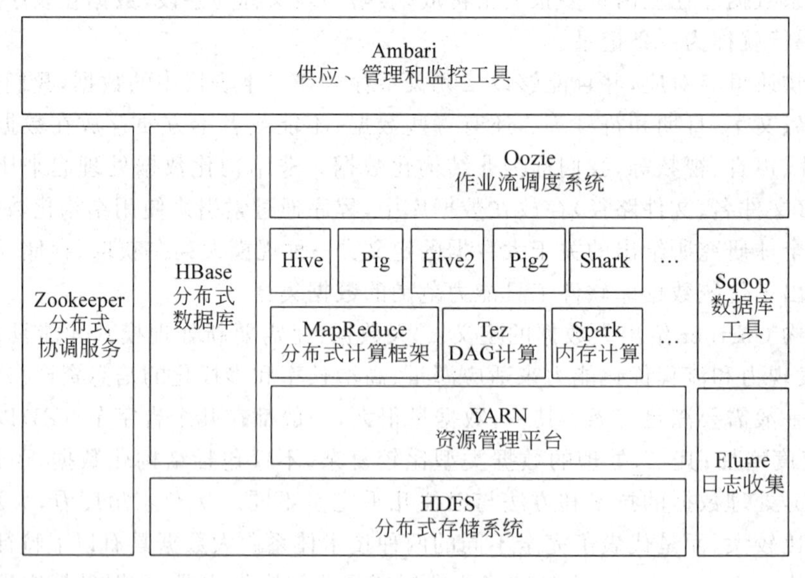

图 16-1 Hadoop 平台技术体系

2. HDFS 分布式文件系统

Hadoop平台将获取的数据以文件方式存放在不同的数据节点中，HDFS分布式文件系统是专门管理这种存储方式的一个主/从结构，适用于海量数据存储应用，是基于大数据发展起来的专门存储技术。HDFS具有高容错性、高吞吐性和高冗余性，可以运行在闲置、廉价的设备上，并且可以通过多个副本备份保证数据可靠性。

图16-2展示了HDFS分布式文件系统存储结构。

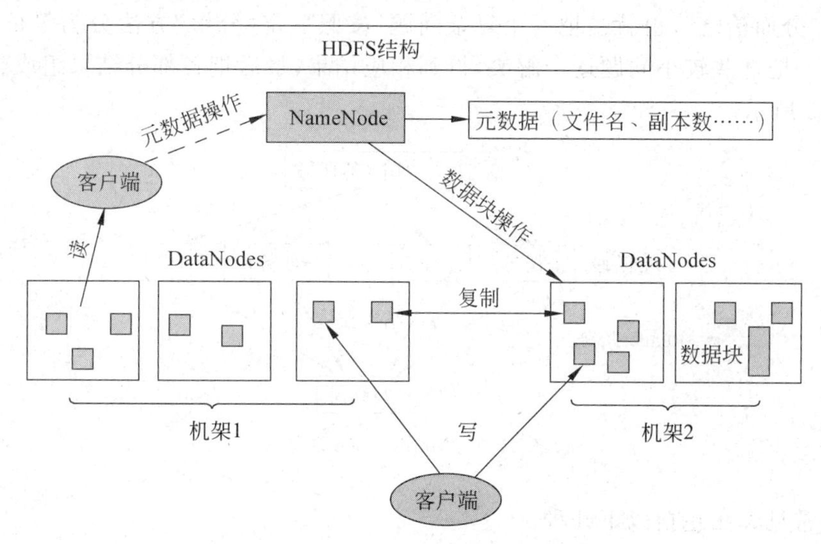

图16-2 HDFS分布式文件系统存储结构

HDFS的优点是存储数据量大、可靠性高和支持大文件存储；其缺点是技术复杂、高时延和不适合并发访问。不同于结构化数据库中读写查询，HDFS中数据读写通过Java API来实现。

3. MongoDB 数据库

为了便于程序设计，MongoDB组织设计了基于分布式文件存储的数据库，通常称为MongoDB数据库。实际上，MongoDB数据库介于关系数据库和非关系数据库之间，仍然以分布式文件存储为基础，是一种非关系数据库，在操作上能够像关系数据库一样，更便于理解和操作。MongoDB具有以下特点。

1）文档存储

MongoDB中数据存储基本单位仍然是文档，并且把文档用类似于关系数据库中行（但是比行复杂）的方式管理。多个键及其关联值有序地放在一起就构成了文档，文档中可以存放常见的数据类型，并且文档还可以嵌套。

2）面向集合

集合就是一组文档，类似于关系数据库中的表，数据被分组到若干集合中，这些集合称作聚集（collection）。在数据库里每个聚集有一个唯一的名字，可以包含无限个文档。通过不同集合的使用，能够提高效率。

3）多个数据库

多个集合组成一个数据库，一个MongoDB实例可以使用多个数据库，多个数据库之间相互独立,每个数据库都有独立的权限控制。

16.1.4 大数据相关算法

MapReduce 是 Hadoop 平台核心组件之一,同时它也是一种可用于大数据并行处理的计算模型、框架和平台,主要处理在海量数据下离线计算。概念“Map(映射)”和“Reduce(归约)”从函数式编程语言里借来,另外还有从矢量编程语言里借来的特性。MapReduce 模型核心思想是“分而治之”,也就是把一个复杂问题,按照一定“分解”方法分为等价、规模较小的若干部分。把这些较小问题逐个解决,得到相应结果,最后把各部分结果组成整个问题结果,如图 16-3 所示。

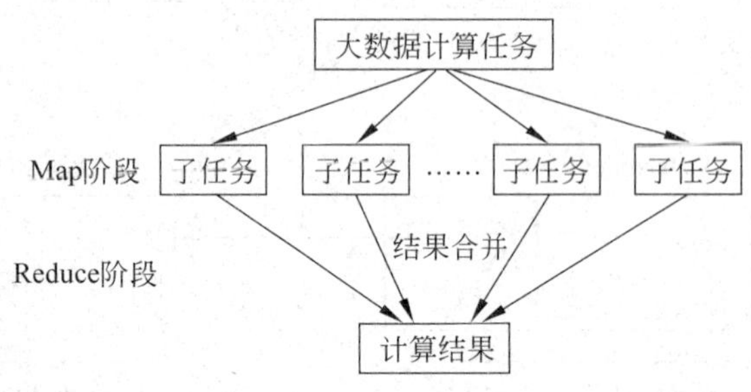

图 16-3 MapReduce 框架

大数据常见算法包括以下几种。

1. 协同过滤

协同过滤是最早使用、研究较多的一种推荐算法,现在仍然被当当、亚马逊等网站平台广泛使用。简单来说就是利用人们的消费习惯,一旦购买了某件物品,可能同样需要购买另一件物品;或者具有相同背景的人,可能购买相同产品,据此来推荐用户感兴趣的信息。并且通过最终购买情况和用户反馈信息,对协同内容进行修正,当数据达到一定数量时,会使推荐的内容变得越来越准确。

协同过滤算法包括基于用户的协同过滤和基于项目的协同过滤。基于用户的协同过滤推荐方法实现过程如下。

1) 基于用户信息

通过历史数据收集代表用户感兴趣的信息,要求用户对购买的物品进行评分或评价,通过用户完成“主动评分”来给商品赋值。也可以通过系统实现商品的“被动评分”,根据用户行为模式由系统代替用户完成评价。

2) 最近邻搜索(nearest neighbor search,NNS)

以用户为基础(user-based)协同过滤算法的出发点,是找到与用户兴趣爱好相同的另一组用户,计算两个用户之间的相似度,得到最近邻集合。例如,对于购买用户产品的用户 A,查找 n 个和 A 有相似兴趣用户 M,把他们对 M 的评分作为 A 对 M 的评分预测。一般会根据数据不同选择不同算法,较多使用的相似度算法有 pearson correlation coefficient、cosine-based similarity 和 adjusted cosine similarity。

3) 产生推荐结果

有了最近邻集合,就可以对目标用户兴趣进行预测,产生推荐结果。依据推荐目的的不同进行不同形式的推荐，较常见的推荐方法有 Top N 推荐和关系推荐。Top N 推荐是针对每个人产生不同结果，例如，通过对 A 用户的最近邻用户进行统计，选择出现频率高且在 A 用户的评分项目中不存在的，作为推荐结果。

协同过滤算法在一些情况下也会丧失效果。

(1) 用户很少对商品进行评价，这样基于用户的评价所得到的用户间的相似性可能不准确。

(2) 随着用户和商品的增多，用户购买商品之间的规律性会降低，系统的性能会越来越低。

(3) 如果从来没有用户对某一商品加以评价，则这个商品就不可能被推荐。

2. 矩阵分解

以商品推荐为例来说明矩阵分解算法：我们把用户和商品做笛卡儿乘积构成矩阵，假设用户物品的评分矩阵 $\boldsymbol{B}$ 是 $m \times n$ 维，即一共有 m 个用户、n 个物品，通过一套算法转换为两个矩阵 $\boldsymbol{U}$ 和 $\boldsymbol{V}$，矩阵 $\boldsymbol{U}$ 的维度是 $m \times k$，矩阵 $\boldsymbol{V}$ 的维度是 $n \times k$。矩阵分解就是把原来的大矩阵，近似地分解成小矩阵的乘积，在实际推荐计算时不再使用大矩阵，而是使用分解得到的两个小矩阵。

通过矩阵分解，把用户和物品都映射到一个 K 维空间上，这个 K 维空间不能被直接看到，通常称为隐因子。得到了隐因子再做推荐计算，简单来说就是计算物品和用户两个向量的点积，即推荐分数。

矩阵分解可以解决一些协同过滤模型无法解决的问题。例如，物品之间存在相关性，信息量并不是随着向量维度增加而线性增加；矩阵元素稀疏，计算结果不稳定，增减一个向量维度，导致紧邻结果差异很大的情况出现等。

矩阵分解算法有以下优点。

(1) 不依赖用户和标的物其他信息，只需要用户行为就可以为用户作推荐。

(2) 推荐精准度不错。

(3) 可以为用户推荐合适的标的物。

(4) 易于并行化处理。

矩阵分解算法也存在一些缺点：当某个用户行为很少时，我们基本无法利用矩阵分解获得该用户比较精确的特征向量表示，因此无法为该用户生成推荐结果。这时可以借助内容推荐算法来为该用户生成推荐。

对于新入库的标的物也一样，可以采用人工编排方式将标的物适当的曝光以获得更多用户对标的物的操作行为，从而方便算法将该标的物推荐出去。

3. 聚类算法

聚类(clustering)就是将数据对象分组成为多个类或者簇(cluster)。在同一个簇中对象之间具有较高相似度，而不同簇中对象差别较大，所以在很多应用中，一个簇中数据对象可以被当作一个整体来对待，从而减少计算量或者提高计算质量。

聚类是人们日常生活的常见行为，即所谓“物以类聚，人以群分”，核心思想也就是聚类。人们总是不断地改进下意识中的聚类模式来学习如何区分各个事物和人。同时聚类分析已经广泛应用在许多行业领域中，包括模式识别、数据分析、图像处理和市场研究等。通过聚类，人们能意识到密集和稀疏区域，发现全局的分布模式，以及数据属性之间有趣的相互关系。

聚类同时也在 Web 应用中起到越来越重要的作用。广泛使用在 Web 文档分类、组织信息发布等方面,给用户一个有效分类的内容浏览系统(门户网站)。加入时间因素,能够发现各类内容的信息发展以及大家关注的主题和话题;或者分析一段时间内人们对什么样的内容比较感兴趣,这些应用都建立在聚类的基础之上。作为一个数据挖掘功能,聚类分析能作为独立的工具来获得数据分布情况,观察每个簇的特点,集中对特定的某些簇做进一步分析。此外,聚类分析还可以作为其他算法的预处理步骤,简化计算量,提高分析效率。

聚类算法有很多种,最常见的是 k 均值(k-means)算法,它是典型的基于距离的排他划分方法:给定一个 n 个对象的数据集,它可以构建数据的 k 划分,每个划分就是一个聚类,并且 $k \leqslant n$,同时还需要满足两个要求。

(1) 每个组至少包含一个对象。

(2) 每个对象必须属于且仅属于一个组。

首先创建一个初始划分,随机地选择 k 个对象,每个对象初始地代表了一个簇中心。对于其他对象,根据其与各个簇中心的距离,将它们赋给最近的簇。

其次采用迭代的重定位技术,尝试通过对象在划分间移动来改进划分。所谓重定位技术,是指当有新对象加入簇或者已有对象离开簇的时候,重新计算簇的平均值,然后对对象进行重新分配。这个过程不断重复,直到没有簇中对象的变化。

当结果簇是密集的,而且簇和簇之间的区别比较明显时,k 均值的效果比较好。对于处理大数据集,这个算法是相对可伸缩和高效的,它的复杂度是 $O(nkt)$,n 是对象的个数,k 是簇的数目,t 是迭代次数,通常 $k \ll n$,且 $t \ll n$,所以算法经常以局部最优结束。

4. 深度学习

深度学习算法是在神经网络模型基础上发展起来的,1943 年 McCulloch 与 Pitts 合作的一篇论文中,首次提到了通过模仿人神经元与突触之间的信息交互,来解决一些分类问题,将大量模拟神经元组合起来构成了神经网络,如图 16-4 所示,传统神经网络模型分为输入层、隐含层和输出层。通过隐藏层各个神经节点之间交互连接,学习隐藏在输入层数据中利于分类的内部信息,并将这些隐藏信息提供给输出层实现分类任务。经过不断的完善和发展,在原有神经网络模型的基础上,发展出诸如 MLP(多层感知机)、CNN(卷积神经网络)、RNN(循环神经网络)、Autoencoder(自编码器)、GAN(生成对抗网络)、RBM(受限玻尔兹曼机)、NADE(神经自回归分布估计)、AM(注意力模型)和 DRL(深度强化学习)等多个深度学习模型。

16.1.5 大数据可视化

为了让非专业人士能够看懂大数据分析结果,需要对数据结果进行可视化展示。ECharts 是目前在数据可视化领域最常用的一套开发软件,是一款基于 JavaScript 的数据可视化图表库,提供了常规的折线图、柱状图、散点图、饼图和 K 线图,用于统计的盒形图,用于地理数据可视化的地图、热力图和线图,用于关系数据可视化的关系图、treemap 和旭日图,用于多维数据可视化的平行坐标,以及用于 BI 的漏斗图、仪表盘等多种图形显示方式,并且支持图与图之间进行混搭。ECharts 最初由百度团队开发并开源,于 2018 年年初捐赠给 Apache 基金会,包含了以下特性。

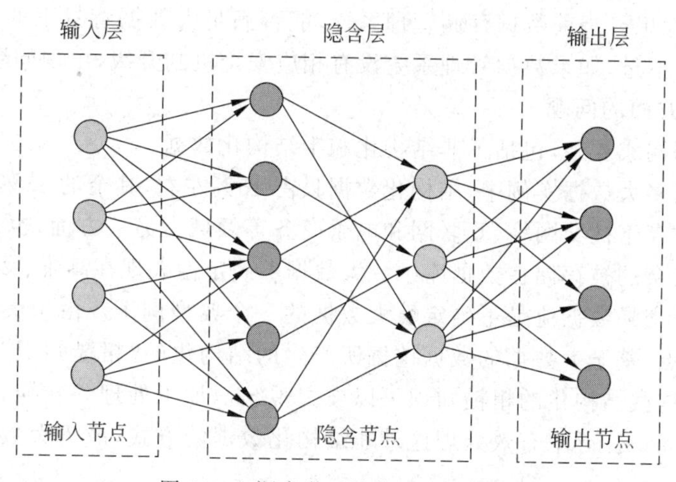

图 16-4 深度学习结构网络示意图

(1) 具有强大的图表展示功能,能够实现折线图等几十种常见图表,并且可以开发出图与图之间的混搭。

(2) 多种数据格式无须转换直接使用,支持直接传入包括二维表、key-value 等多种格式的数据源,此外还支持输入 TypedArray 格式数据。

(3) 支持大量数据的前端展现,ECharts 能够展现千万级的数据量。

(4) 支持移动端,如移动端能够实现手指在坐标系中进行缩放、平移,以便于查看,PC 端也可以用鼠标在图中进行缩放(用鼠标滚轮)、平移等。

(5) 支持交互式数据探索,提供了图例、视觉映射、数据区域缩放、tooltip 和数据刷选等开箱即用的交互组件,可以对数据进行多维度数据筛取、视图缩放和展示细节等交互操作。

(6) 多维数据支持以及丰富的视觉编码手段,对于常规的折线图、柱状图、散点图、饼图和 K 线图等,传入数据也可以是多个维度的。

(7) 数据动态实时更新,图表展现的内容由数据库驱动,同步更新。

(8) 支持三维可视化,开发者可以根据需求在 VR、大屏场景里实现三维可视化效果。

16.1.6 大数据应用场景和发展趋势

1. 大数据隐私和安全方面问题

从大数据技术来看,数据量越大、越准确,越能够产生更大价值;但是数据和物质一样,都属于个人或者独立组织私有。因此,如何既能保护数据私密性,又能满足大数据分析的需要,这一直是困扰大数据技术发展的一个重大问题。这几年关乎数据隐私、安全方面的问题,逐步成为信息产业发展的最重要问题之一。同时由于大数据所存储的数据量非常巨大,往往采用分布式的方式进行存储,而这种存储方式的数据量过大,导致数据保护相对简单,黑客或工作人员较为轻易利用相关漏洞,实施不法操作,造成安全问题。

2. 存储和处理能力方面问题

大数据的数据类型和数据结构是传统数据不能比拟的,在大数据存储平台上,数据量呈非线性甚至是指数级速度增长,对各种类型和各种结构的数据进行存储,势必会引发多种应用进程并发且频繁无序运行,极易造成数据存储错位和数据管理混乱,给大数据存储和后期的处理带来安全隐患。当前数据存储管理系统,能否满足大数据背景下的海量数据存储需求,还有待考验。不过,如果数据管理系统没有相应安全机制升级,出现问题后为时已晚。

3. 处理技术方面的问题

首先,大数据构成复杂,包括了非结构化和半结构化数据。

一方面,在很多大数据实例中,结构化数据只占15%左右,其余的85%都是非结构化数据,它们大量分散存于社交网络、互联网和电子商务等领域。另一方面,也许有90%的数据来自开源数据,其余的被存储在数据库中。大数据不确定性表现在高维、多变和强随机性等方面。例如,股票交易数据流是不确定性大数据的一个典型例子。由于大数据具有半结构化和非结构化特点,基于大数据的数据挖掘所产生的结构化的"粗糙知识"(潜在模式)也伴有一些新特征。这些结构化的粗糙知识可以被主观知识加工处理并转换,生成半结构化和非结构化的智能知识。寻求有效处理这种非结构化数据的方式,成为大数据处理研究的重点之一。

其次,大数据具有复杂性、不确定性等特征,系统建模方式复杂。

从长远角度来看,大数据的个体复杂性和随机性所带来的挑战,将促使大数据数学结构形成,从而导致大数据统一理论的完备。学术界鼓励发展一种一般性的结构化数据和半结构化、非结构化数据之间的转换原则,以支持大数据的交叉工业应用。大数据的复杂形式导致许多对"粗糙知识"的度量和评估相关研究问题。已知的最优化、数据包络分析、期望理论和管理科学中的效用理论,可以被应用到研究如何将主观知识融合到数据挖掘产生的粗糙知识的"二次挖掘"过程中,这就需要研究者具有多学科综合背景,这大大提高了研究者的入门门槛。

最后,数据异构性与决策异构性的关系对大数据知识发现与管理决策有影响。

由于大数据本身的复杂性,这一问题无疑是一个重要的课题,对传统的数据挖掘理论和技术提出了新挑战。在大数据环境下,管理决策面临着两个"异构性"问题:"数据异构性"和"决策异构性"。传统管理决策模式取决于对业务知识的学习和日益积累的实践经验,而管理决策又是以数据分析为基础。

16.2 典型题目分析

一、单选题

1. (　　)是应用大数据技术解决问题的首要任务。

A. 分析数据　　B. 获取数据　　C. 存储数据　　D. 清洗数据

正确答案:B

答案解析:数据是基础,获取数据是首要任务。

2. 在计算机中,数据最终被转换为(　　)的形式并存储在硬盘上,字符、数字、文本、声音、图片和视频都是数据。

A. 十六进制　　B. ASCII码　　C. 十进制　　D. 八进制

正确答案:B

答案解析:在计算机中,数据以二进制表示,这些二进制最终被转换为ASCII码的形式存储在硬盘上。

3. 网络爬虫(又称为网页蜘蛛、网络机器人)是一种按照一定规则,自动地抓取互联网(　　)的程序或者脚本。

A. 数据　　B. 视频　　C. 音频　　D. 文件

正确答案:A

答案解析:网络爬虫本质上是一种程序,能够实现自动浏览网页、获取信息等功能。

4. Hadoop 平台是一个开源的(　　)计算框架,支持分布式存储和计算。

A. 单一化　　B. 主从式　　C. 结构化　　D. 分布式

正确答案:D

答案解析:Hadoop 平台是一个开源的分布式计算框架。

5. 大数据技术常见的算法包括(　　)。

A. 协同过滤、矩阵分解、聚类算法、深度学习

B. 冗余过滤、矩阵分解、分散算法、深度学习

C. 协同过滤、矩阵聚合、分散算法、深度学习

D. 协同过滤、矩阵分解、分散算法、机器视觉

正确答案:A

答案解析:大数据技术常见的算法包括协同过滤、矩阵分解、聚类算法和深度学习等。

二、多选题

1. 以下(　　)属于大数据的典型特征。

A. 数据规模大　　B. 数据变化快

C. 数据类型多样　　D. 价值密度高

正确答案:ABC

答案解析:大数据是指无法在一定时间范围内用常规软件工具获取、存储、管理和处理的数据集合,具有数据规模大、数据变化快、数据类型多样和价值密度低四大特征。

2. 以下(　　)属于大数据的必要条件。

A. 数据量很大

B. 数据价值相对较低

C. 处理的数据类型比较复杂

D. 处理数据的技术和方法与以往几乎完全不同

正确答案:ACD

答案解析:大数据并不仅仅是数据量大,同时还包括技术的革新。与传统数据处理方式相比,大数据数据存储和数据处理方式完全不同。

3. Hadoop 平台是一个开源的分布式计算框架,核心组件不包括(　　)。

A. Hadoop 分布式文件系统　　B. MapReduce 计算编程模型

C. 深度学习系统　　D. HBase 数据仓库

正确答案:ABD

答案解析:Hadoop 平台是一个开源的分布式计算框架,核心组件包括 Hadoop 分布式文件系统(Hadoop distributed file system,HDFS)、MapReduce 计算编程模型和 HBase 数据仓库等。

4. 以下(　　)属于 HDFS 的特点。

A. 高容错性　　B. 高吞吐性　　C. 高成本性　　D. 高冗余性

正确答案:ABD

答案解析:HDFS 具有高容错性、高吞吐性和高冗余性,可以运行在闲置、廉价的设备上,并且可以通过多个副本备份保证数据的可靠性。

5. 大数据技术目前存在的问题包括(　　)。

A. 大数据隐私和安全方面问题　　B. 存储和处理能力方面问题

C. 处理技术方面的问题　　D. 应用场景的问题

正确答案:ABC

答案解析:大数据技术目前存在的主要问题包括:大数据隐私和安全方面问题、存储和处理能力方面问题以及处理技术方面的问题。

三、填空题

1. 能够与物质世界对应,并且能够以二元关系存放在二维表格中的数据,我们称为________。

正确答案:结构化数据

答案解析:能够与物质世界对应,并且能够以二元关系存放在二维表格中的数据,我们称为结构化数据,如数字、文字、日期、符号等。

2. 目前大部分与大数据有关的技术和软件都基于________平台,该平台具有低成本、高可用、高可靠、高效率和可伸缩等优点。

正确答案:Hadoop

答案解析:略。

3. 在安装配置好 Hadoop 平台之后,就可以将获取的数据以文件方式存放在不同的数据节点中,________是专门管理这种存储方式的一个主/从结构,适用于海量数据存储应用,是基于大数据发展起来的专门存储技术。

正确答案:HDFS

答案解析:略。

4. ________是 Hadoop 平台的核心组件之一,同时它也是一种可用于大数据串行处理的计算模型、框架和平台,主要处理在海量数据下离线计算。

正确答案:MapReduce

答案解析:略。

5. ________算法是在神经网络模型基础上发展起来的,目前已发展出诸如 MLP(多层感知机)、CNN(卷积神经网络)、RNN(循环神经网络)、Autoencoder(自编码器)、GAN(生成对抗网络)、RBM(受限玻尔兹曼机)、NADE(神经自回归分布估计)、AM(注意力模型)和 DRL(深度强化学习)等多个深度学习模型。

正确答案:深度学习

答案解析:深度学习算法是在神经网络模型基础上发展起来的,1943 年 McCulloch 与 Pitts 合作的一篇论文中,首次提到了通过模仿人的神经元与突触之间的信息交互,来解决一些分类问题,将大量模拟神经元组合起来构成了神经网络。

四、判断题

1. 网络爬虫实际上是用 Python 加脚本语言编写的程序，爬虫程序运行时，能够按照设定的规则对网页(现在已经开发出 App 爬虫)发起申请，并获取网页上的相关数据，然后把数据按照程序设计者预先设计好的格式，保存到相应的文件或数据库中。（　）

A. 正确　　B. 错误

正确答案：A

答案解析：略。

2. HDFS 的优点是存储数据量大、可靠性高和支持大文件存储；其缺点是技术复杂、高时延和不适合并发访问。（　）

A. 正确　　B. 错误

正确答案：A

答案解析：略。

3. MapReduce 模型的核心思想是“分而治之”，也就是把一个复杂问题，按照一定的“分解”方法分为等价的、规模较小的若干部分。把这些较小问题逐个解决，得到相应的结果，最后把各部分结果组成整个问题结果。（　）

A. 正确　　B. 错误

正确答案：A

答案解析：略。

4. ECharts 是目前在数据可视化领域最常用的一套开发软件，是一款基于 JavaScript 的数据可视化图表库。（　）

A. 正确　　B. 错误

正确答案：A

答案解析：略。

5. 在大数据环境下，管理决策面临着两个“异构性”问题：“数据异构性”和“决策异构性”。传统管理决策模式取决于对业务知识的学习和日益积累的实践经验，而管理决策又是以数据分析为基础。（　）

A. 正确　　B. 错误

正确答案：A

答案解析：略。

更多练习二维码

16.3 实训任务

1. 和同学分别在网上购物平台，体验不同平台的推荐商品差异，思考具体原因。
2. 熟悉通过 Python 设计网页爬虫的基本流程。

第 17 章　人工智能技术

17.1　知识点分析

人工智能 1

人工智能是研究、开发用于模拟、延伸和扩展人的智能的理论、方法、技术及应用系统的一门新的技术科学。熟悉和掌握人工智能相关技能，是建设未来智能社会的必要条件。本章主要包含人工智能基础知识、人工智能核心技术和人工智能技术应用等内容。

17.1.1　人工智能简介

通俗地说，用人工方法在机器（计算机）上实现智能；或者说人们使机器具有类似人的智能，称为人工智能。

人工智能 2

人工智能（学科角度）定义：人工智能是计算机科学中涉及研究、设计和应用智能机器的一个分支。近期主要目标在于研究用机器来模仿和执行人脑的某些智力功能，开发相关理论和技术。

人工智能（能力角度）的定义：人工智能是智能机器所执行的通常与人类智能有关的智能行为，如判断、推理、证明、识别、感知、理解、通信、设计、思考、规划、学习和问题求解等思维活动。

人工智能 3

17.1.2　人工智能发展历程

人工智能发展至今，经历过三次高潮和两次低谷。

第一次高潮是在 1956 年达特茅斯会议，麦卡锡等人正式提出了人工智能一词。在学术界掀起了一股用人工智能技术解决数学、控制论等领域问题的热潮。随着人工智能方法起到了一些作用，有人过于乐观地估计了一些问题难度，甚至有一些学者（Herbert Simon 等）认为："二十年内，机器将能完成人能做到的一切。"

十几年过后，一些人工智能项目并没有取得重大突破，人们的研究重心开始转移，尤其是 1973 年著名数学家詹姆斯·莱特希尔爵士（Sir James Lighthill）发表了一份 *Artificial Intelligence：A General Survey* 的报告，在报告中称："迄今为止，人工智能的研究没有带来任何重要影响。"批评了 AI 在实现"宏伟目标"上的失败，受此报告影响，英国等国家大幅削减了在人工智能领域的科研资金投入。人工智能在接下来的 6 年几乎毫无进展，发展进入了一个低谷。

第二次高潮是在 1980 年前后，不少科研机构和大型 IT 公司都逐步以"知识库＋推理机"的方式来解决问题，人工智能研究热潮再次兴起。这个阶段也被称为人工智能发展的第二次浪潮,"知识推理"相关技术得以发展。1982 年,John Hopfield 证明了一种新型神经网络(现被称为"Hopfield 网络"),它用一种全新的方式学习和处理信息,广泛应用于解决经典的旅行者路线优化、工业生产和交通调度等方面问题。

1987 年,IBM 等公司的个人计算机性能大幅度提升,并且在办公中普及使用,这使得部分专家系统无用武之地。人工智能发展再次进入了一个低谷时期。

1997 年 5 月 11 日,深蓝成为战胜国际象棋世界冠军卡斯帕罗夫的第一个计算机系统。随着计算机性能不断提升,一些复杂问题开始有了更先进的解决方案。随后深度学习与大数据的发展,使得人们对人工智能领域的研究和探索保持了较高的热情。一般认为第三次高潮是从 1993 年持续至今。

人工智能发展历史上,不同学者采用了不同方法来解决问题,逐步发展出三个不同的学派。

1. 符号主义

符号主义(symbolicism)又被称作逻辑主义(logicism)、心理学派(psychologism)或计算机学派(computerism),其原理主要为物理符号系统(即符号操作系统)假设和有限合理性原理。符号主义认为人工智能源于数理逻辑,数理逻辑从 19 世纪末起得以迅速发展,到 20 世纪 30 年代开始用于描述智能行为。符号主义学者们在 1956 年首先采用"人工智能"这个术语。后来又发展了启发式算法、专家系统和知识工程等理论与技术,并在 20 世纪 80 年代取得很大发展。

计算机出现后,又在计算机上实现了逻辑演绎系统。其有代表性的成果为启发式程序 LT 逻辑理论家,证明了 38 条数学定理,证明了可以应用计算机研究人的思维,模拟人类智能活动。

2. 连接主义

连接主义(connectionism)又被称作仿生学派(bionicsism)或生理学派(physiologism),其主要原理为神经网络及神经网络间的连接机制与学习算法。认为人工智能源于仿生学,特别是对人脑模型的研究。核心是神经元网络与深度学习,仿造人的神经系统,把人的神经系统的模型用计算的方式呈现,用它来仿造智能。

3. 行为主义

行为主义(actionism)又被称作进化主义(evolutionism)或控制论学派(cyberneticsism),其原理为控制论及感知—动作型控制系统。认为人工智能源于控制论,控制论思想早在 20 世纪 40—50 年代就成为时代思潮的重要部分,影响了早期的人工智能工作者。

符号主义着重于功能模拟,提倡用计算机模拟人类认知系统所具备的功能和机能;连接主义着重于结构模拟,通过模拟人的生理网络来实现智能;行为主义着重于行为模拟,依赖感知和行为来实现智能。符号主义依赖软件路线,通过启发性程序设计,实现知识工程和各种智能算法;连接主义依赖硬件设计,如超大规模集成电路、脑模型和智能机器人等;行为主义利用一些相对独立的功能单元,组成分层异步分布式网络,为机器人研究开创了新方法。这些学派之间并没有严格的区别,一些问题的解决需要综合应用相关技术和方法。

17.1.3 人工智能技术应用的常用开发平台、框架和工具

1. 百度的 PaddlePaddle

PaddlePaddle(飞桨)是百度开源的深度学习框架,是国内做得最好的深度学习框架,整

个框架体系比较完善。飞桨同时支持动态图和静态图,兼顾灵活性和高性能,源于实际业务淬炼,提供应用效果领先的官方模型,源于产业实践,输出业界领先的超大规模并行深度学习平台能力。提供包括 AutoDL、深度强化学习、语音、NLP 和 CV 等各个方面的能力和模型库。

2. 腾讯的 Angel

Angel 是腾讯与北京大学联合开发的基于参数服务器模型的分布式机器学习平台,可以跟 Spark 无缝对接,主要聚焦于图模型及推荐模型。Angel 发布了 3.0 版本,提供了更多新特性,包括自动特征工程以及在 Spark on Angel 中集成了特征工程,可以无缝对接自动调参,整合了 PyTorch(PyTorch on Angel),增强了 Angel 在深度学习方面的能力、自动超参调节、Angel Serving 和支持 Kubernetes 运行等很多非常有实际工业使用价值的功能点。

3. Tensorflow(Keras)

Tensorflow 是 Google 开源的深度学习平台,是目前业界最流行的深度学习计算平台,有最为完善的开发者社区及周边组件,被大量公司采用,并且几乎所有云计算公司都支持 Tensorflow 云端训练。

4. PyTorch(Caffe)

PyTorch 是 Facebook 开源的深度学习计算平台,目前是成长最快的深度学习平台之一,增长迅速,业界口碑很好,在学术界广为使用,大有赶超 Tensorflow 的势头。它最大的优势是对基于 GPU 的训练加速支持得很好,有一套完善的自动求梯度的高效算法,支持动态图计算,有良好的编程 API 以及非常容易实现快速的原型迭代。PyTorch 整合了业界大名鼎鼎的计算机视觉深度学习库 Caffe,可以方便地复用基于 Caffe 的 CV 相关模型及资源。

5. MxNet

MxNet 也是一个非常流行的深度学习框架,是亚马逊 AWS 上官方支持的深度学习框架。它是一个轻量级、灵活便捷的分布式深度学习框架。支持 Python、R、Julia、Scala、Go、Java 等各类编程语言接口。它允许混合符号和命令式编程,以最大限度地提高效率和生产力。MxNet 的核心是一个动态依赖调度程序,它可以动态地自动并行符号和命令操作,而构建在动态依赖调度程序之上的一个图形优化层使符号执行速度更快,内存使用效率更高。MxNet 具有便携性和轻量级的优点,可以有效地扩展到多个 GPU 和多台机器。

6. DeepLearning4j

DeepLearning4j(简称 DL4j)是基于 Java 生态系统的深度学习框架,构建在 Spark 等大数据平台之上,可以无缝跟 Spark 等平台对接。基于 Spark 平台构建的技术体系可以非常容易地跟 DL4j 应用整合。DL4j 对深度学习模型进行了很好的封装,可以方便地通过类似搭积木的方式轻松构建深度学习模型,构建的深度学习模型直接可以在 Spark 平台上运行。

17.1.4 人工智能技术应用

人工智能应用主要体现在如下几个方面。

1. 自然语言处理

自然语言处理(natural language processing,NLP)是计算机科学领域与人工智能领域中的一个重要方向。它研究能实现人与计算机之间用自然语言进行有效通信的各种理论和方法。自然语言处理是一门融语言学、计算机科学和数学于一体的科学。如果计算机能够理解、处理自然语言,这将是计算机技术的一项重大突破。自然语言处理的研究在应用和理论两个方面都具有重大意义。自然语言处理主要应用于机器翻译、舆情监测、自动摘要、观点提取、文本分类、问题回答、文本语义对比和语音识别等方面。

2. 专家系统

专家系统模拟人类专家求解问题的思维过程，求解领域内的各种问题，其水平可以达到甚至超过人类专家的水平。1965 年费根鲍姆研究小组开始研制第一个专家系统——分析化合物分子结构的 DENDRAL，1968 年完成并投入使用，如图 17-1 所示。之后专家系统不断发展应用，在各个行业领域都有突出表现。

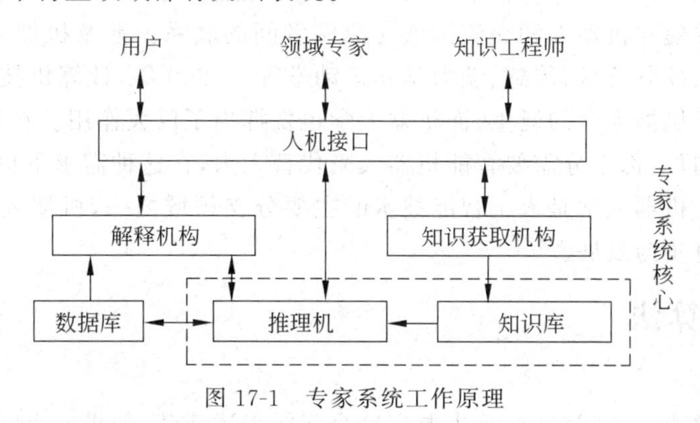

图 17-1 专家系统工作原理

一般认为，专家系统经历了四次重大的更替：第一代专家系统（dendral、macsyma 等）以高度专业化、求解专门问题的能力强为特点。但在体系结构的完整性、可移植性、系统的透明性和灵活性等方面存在缺陷，求解问题的能力弱。第二代专家系统（mycin、casnet、prospector、hearsay 等）属单学科专业型、应用型系统，其体系结构较完整，移植性方面也有所改善，而且在系统的人机接口、解释机制、知识获取技术、不确定推理技术、增强专家系统的知识表示和推理方法的启发性、通用性等方面都有所改进，图 17-1 展示了专家系统工作原理。第三代专家系统属多学科综合型系统，采用多种人工智能语言，综合采用各种知识表示方法和多种推理机制及控制策略，并开始运用各种知识工程语言、骨架系统及专家系统开发工具和环境来研制大型综合专家系统。人们在总结前三代专家系统的设计方法和实现技术的基础上，已开始采用大型多专家协作系统、多种知识表示、综合知识库、自组织解题机制、多学科协同解题与并行推理、专家系统工具与环境、人工神经网络知识获取及学习机制等最新人工智能技术来实现具有多知识库、多主体的第四代专家系统。

3. 模式识别

模式识别（pattern recognition）是研究对象描述和分类方法的学科。分析和识别的模式可以是信号、图像或者普通数据。包括文字识别，如邮政编码、车牌识别、汉字识别；人脸识别，如反恐、商业；物体识别，如导弹、机器人等。模式识别就是通过计算机用数学技术方法来研究模式的自动处理和判读，把环境与客体统称为“模式”。随着计算机技术的发展，人类有可能研究复杂信息处理过程，其过程的一个重要形式是生命体对环境及客体的识别。模式识别以图像处理与计算机视觉、语音语言信息处理、脑网络组以及类脑智能等为主要研究方向，研究人类模式识别的机理以及有效计算方法。

4. 机器视觉识别

机器视觉（machine vision）或计算机视觉（computer vision）是用机器代替人眼睛进行

测量和判断。机器视觉系统是指通过图像摄取装置将被摄取的目标转换成图像信号,传送给专用图像处理系统,根据像素分布和宽度、颜色等信息,转换成数字信号,抽取目标的特征,根据判别结果控制现场的设备动作。机器视觉应用在半导体、电子、汽车、冶金、制药、食品饮料、印刷、包装、零配件装配及制造质量检测等。前面详细介绍过的人脸识别,也是机器视觉识别应用的一个方向。

5. 机器人学

机器人学也被叫作机器人工程学或机器人技术,最重要的研究内容是为机器人制造“拟人化”应用功能,并建立机器人和交流沟通对象两者间的联系。涉及机器人学的领域、学科不少,如行动规划、控制技术、传感、动力学和运动学等。1960 年,计算机技术和工业自动化的迅速发展造就了机器人学的诞生,而机器人学也发挥出了巨大作用。在实际工作中,尤其是很多高危工作岗位,都十分需要智能机器人来代替人力,在这种需求下机器人技术和科研有了长足的进步。机器人学是人工智能技术的主要分支领域之一,机器人学的进步会带动人工智能技术的进步与发展。

17.1.5 部分算法

1. 搜索

当我们需要解决一个问题时,首先要把这个问题表述清楚,如果一个问题找不到一个合适的表示方法,就谈不上对它求解。这有点类似于程序设计思维,也就是说要找到问题的初始状态和问题解决以后的状态,然后去寻求解决过程。假设一个问题有很多种解决方法,选择一种相对合适的解决问题的方法,就是搜索。但是绝大多数需要人工智能方法求解的问题缺乏直接求解方法,搜索通常成为求解问题的一般方法。

1) 盲目搜索

盲目搜索是一种无信息搜索,一般只适用于求解比较简单的问题。在搜索过程中,盲目搜索不考虑干扰因素,通常是按预定搜索策略进行搜索,也不会考虑到问题本身的特性。因此盲目搜索算法也比较简单,如通过二叉树遍历来实现自动扫地机器人全部区域清扫。盲目搜索算法主要包括一般图搜索过程、广度优先和深度优先搜索、代价树搜索。

2) 启发式搜索

启发式搜索又称为有信息搜索,利用问题拥有的启发信息来引导搜索,达到减少搜索范围、降低问题复杂度的目的,这种利用启发信息的搜索过程称为启发式搜索。在搜索过程中,利用已有信息不断校正搜索策略,使每个搜索策略向最能够解决问题的方向前进,加速问题的求解,并得到最优解。常见的启发式搜索算法为:贪婪最佳优先搜索;A * 搜索;启发函数;联机搜索。

2. 遗传算法

遗传算法(genetic algorithm,GA)根据大自然中生物体进化规律而设计提出。它是模拟达尔文生物进化论自然选择和遗传学机理的生物进化过程的计算模型,是一种通过模拟自然进化过程搜索最优解的方法。在求解较为复杂的组合优化问题时,相对一些常规优化算法,遗传算法通常能够较快地获得较好优化结果。遗传算法已被人们广泛地应用于组合优化、机器学习、信号处理、自适应控制和人工生命等领域。遗传算法实施时包括编码、产生群体、计算适应度、复制、交换和突变等操作。

该算法最早是由 John holland(美国)于 20 世纪 70 年代提出，将“优胜劣汰，适者生存”的生物进化原理引入优化参数形成的编码串群体中，按所选择的适应度函数并通过遗传中复制、交叉及变异对个体进行筛选，适应度高的个体被保留下来，组成新群体，新群体既继承了上一代的信息，又优于上一代。这样周而复始，群体中个体适应度不断提高，直到满足一定条件。

3. 神经网络

神经网络算法是一种模拟人工智能的算法，用来从数据中训练有用信息，因此被用于从大数据中发现知识。人工智能算法为大数据的发展提供了基础，大数据为人工智能的发展提供了新舞台，大数据和深度学习相关理论和技术的发展，促使人工智能出现第三次高潮。

人脑的基本组成是脑神经细胞，大量脑神经细胞相互连接组成人类大脑神经网络，完成各种大脑功能，如图 17-2 所示。而人工神经网络则是由大量人工神经细胞(神经元)经广泛互连形成的人工网络，以此模拟人类神经系统的结构和功能，图 17-3 即为神经元模型。

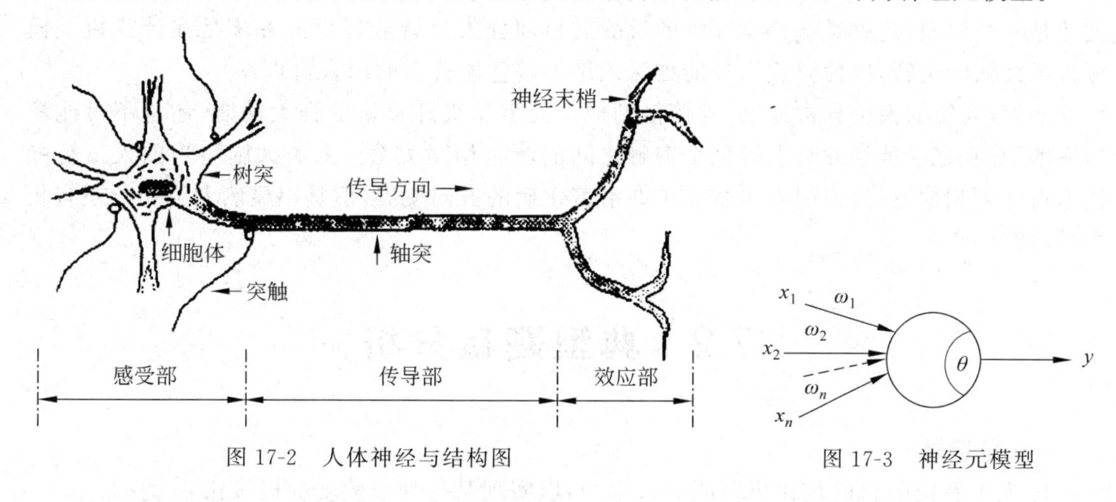

图 17-2　人体神经与结构图

图 17-3　神经元模型

在神经元模型中，$x_1, x_2, \cdots, x_n$ 表示某一神经元的 n 个输入；ω_i 表示第 i 个输入的连接强度，称为连接权值；θ 为神经元阈值；y 为神经元输出。可以看出，人工神经元是一个具有多输入、单输出的非线性器件。一个简单作用就是对信息进行判断，来完成自动分类，并且根据分类来进行学习。例如，一个初生的婴儿，他并没有任何男女老少的概念，他每遇到一个人，身边人都会告诉他这个人是男人、女人，还是老人、小孩，这样他通过不断学习就形成了分类。

人工神经网络相关算法在人工智能领域占据了重要位置，不少科学家都投入巨大的精力进行研究，并对其寄予厚望。目前发展出几十种不同算法，如在第 10 章提及的 MLP(多层感知机)、CNN(卷积神经网络)、RNN(循环神经网络)、BP 神经网络等，按不同的分类方式，可以分为不同的神经网络结构。

(1)按网络拓扑结构可分为层次型结构和互连型结构。

(2) 按信息流向可分为前馈型网络与有反馈型网络。

(3) 按网络的学习方法可分为有监督的学习网络和无监督的学习网络。

(4) 按网络的性能可分为连续型网络与离散型网络，或分为确定性网络与随机型网络。

这里介绍了人工智能在三个不同领域的常见算法，但其实这只是人工智能学科领域理论研究的冰山一角,在数据挖掘、专家系统、知识推理、机器学习、自然语言处理和模式识别等领域,发展出了众多复杂的算法和处理方法,人工智能发展到今天,已经形成了一个庞大的学科体系。

17.1.6 人工智能伦理、道德和法律问题

人工智能技术的发展要为人类服务,必须具有合理性和价值性,只有适应时代背景的道德观念才能帮助现代人拥有更健康、更稳定的生活,这就要求不但要保留传统道德伦理观念的精华,还要根据时代发展建立新的道德规范。与此同时,我们还需要加强对人工智能设计、研发和应用等各个阶段的监管,借助法律手段来促进人工智能的协调发展。

人脑是人体所有器官中最复杂的一部分,并且是所有神经系统的中枢;虽然它看起来是一整块,但是通过神经系统专家,可了解它的各个功能。人脑约有1000亿个神经元,神经元之间约有上万亿的突触连接,形成了迷宫般的网络连接。它到底如何处理语言信息,很大程度还是一个黑箱,这就是脑科学面临的挑战。目前强人工智能迈出的一步是在计算机上模拟人类大脑的运转,以便研究人员能更深入地了解智能背后的内在机理。

然而,人类的大脑异常复杂,即使借助现今大型超级计算机的强大功能,还是不可能模拟人脑1000亿个神经元与上万亿个突触之间的所有相互关系。人类大脑与当前人工智能技术有许多相似点,这说明人工智能正在沿着正确的方向发展,但是很显然人工智能还有相当长的路要走。

17.2 典型题目分析

一、单选题

1. 人工智能的目的是让机器能够(　　),以实现某些脑力劳动的机械化。

A. 具有完全的智能　　B. 具有完全的人类思维

C. 完全代替人　　D. 模拟、延长和扩展人的智能

正确答案:D

答案解析:人工智能的目的是让机器能够模拟、延长和扩展人的智能,以实现某些脑力劳动的机械化。

2. 人工智能诞生于(　　)。

A. Dartmouth　　B. London　　C. New York　　D. Las Vegas

正确答案:A

答案解析:人工智能诞生于Dartmouth。

3. 专家系统是以(　　)为根底,以推理为核心的系统。

A. 专家　　B. 软件　　C. 学问　　D. 解决问题

正确答案:C

答案解析:专家系统是以学问为根底,以推理为核心的系统。

4. 盲目搜索算法不包括(　　)。

A. 一般图搜索过程　　B. 广度优先和深度优先搜索

C. 代价树搜索　　　　　　　　　　　D. 联机搜索

正确答案：D

答案解析：联机搜索属于启发式搜索算法。

5.（　　）算法是一种模拟人工智能的算法，用来从数据中训练有用信息，因此被用于从大数据中发现知识。

A. 搜索　　　　B. 遗传　　　　C. 神经网络　　　　D. 机器学习

正确答案：C

答案解析：神经网络算法是一种模拟人工智能的算法，用来从数据中训练有用信息，因此被用于从大数据中发现知识。

二、多选题

1. 以下关于人工智能的表达正确的有（　　）。

A. 人工智能技术与其他科学技术相结合极大地提高了应用技术的智能化水平

B. 人工智能是科学技术进展的趋势

C. 关于人工智能的系统争论是从 1950 年开始

D. 人工智能有力地促进了社会的进步

正确答案：ABD

答案解析：第一次高潮是在 1956 年达特茅斯会议，麦卡锡等人正式提出了人工智能一词。

2. 自然语言理解是人工智能的重要应用领域，下面列举中的（　　）是它要实现的目标。

A. 理解别人讲的话

B. 对自然语言表示的信息进行分析概括或编辑

C. 赏识音乐

D. 机器翻译

正确答案：ABD

答案解析：自然语言理解是人工智能的重要应用领域，它要实现的目标包括理解别人讲的话、对自然语言表示的信息进行分析概括或编辑以及机器翻译等。

3. 以下（　　）应用领域属于人工智能应用。

A. 人工神经网络　　　　　　　　　B. 自动掌握

C. 自然语言学习　　　　　　　　　D. 专家系统

正确答案：ACD

答案解析：人工智能应用领域包括人工神经网络、自然语言学习和专家系统等。

4. 以下对应正确的是（　　）。

A. 百度的 MxNet　　　　　　　　　B. 腾讯的 Angel

C. Google 的 Tensorflow　　　　　D. Facebook 的 PyTorch

正确答案：BCD

答案解析：百度的深度学习平台是 PaddlePaddle。

5. 以下属于模式识别中的文字识别的是（　　）。

A. 邮政编码　　　　B. 反恐　　　　C. 车牌识别　　　　D. 汉字识别

正确答案：ACD

答案解析：人工智能在反恐领域的应用，主要是以人脸识别为主。

三、填空题

1. ________是计算机科学中涉及研究、设计和应用智能机器的一个分支。

正确答案：人工智能

答案解析：人工智能是计算机科学中涉及研究、设计和应用智能机器的一个分支。

2. 人工智能发展历史上，不同学者采用了不同方法来解决问题，逐步发展出________、________、________三个不同的学派。

正确答案：符号主义、连接主义、行为主义

答案解析：人工智能发展历史上，不同学者采用了不同方法来解决问题，逐步发展出符号主义、连接主义、行为主义三个不同的学派。

3. ________是Google开源的深度学习平台，是目前业界最流行的深度学习计算平台，有最为完善的开发者社区及周边组件，被大量公司采用，并且几乎所有云计算公司都支持Tensorflow云端训练。

正确答案：Tensorflow

答案解析：Tensorflow是Google开源的深度学习平台，是目前业界最流行的深度学习计算平台，有最为完善的开发者社区及周边组件，被大量公司采用，并且几乎所有云计算公司都支持Tensorflow云端训练。

4. ________是研究对象描述和分类方法的学科。分析和识别的模式可以是信号、图像或者普通数据。

正确答案：模式识别

答案解析：模式识别是研究对象描述和分类方法的学科。分析和识别的模式可以是信号、图像或者普通数据。

5. ________又称为有信息搜索，利用问题拥有的启发信息来引导搜索，达到减少搜索范围、降低问题复杂度的目的，这种利用启发信息的搜索过程称为启发式搜索。

正确答案：启发式搜索

答案解析：启发式搜索又称为有信息搜索，利用问题拥有的启发信息来引导搜索，达到减少搜索范围、降低问题复杂度的目的，这种利用启发信息的搜索过程称为启发式搜索。

四、判断题

1. 1956年纽约会议，麦卡锡等人正式提出了人工智能一词。 (　　)

A. 正确　　　　B. 错误

正确答案：B

答案解析：第一次高潮是在1956年达特茅斯会议，麦卡锡等人正式提出了人工智能一词。

2. 连接主义又被称作进化主义(evolutionism)或控制论学派(cyberneticsism)，其原理为控制论及感知—动作型控制系统。 (　　)

A. 正确　　　　B. 错误

正确答案：B

答案解析：行为主义又被称作进化主义(evolutionism)或控制论学派(cyberneticsism)，

其原理为控制论及感知—动作型控制系统。

3. 机器人学是用机器代替人眼睛进行测量和判断。机器视觉系统是指通过图像摄取装置将被摄取的目标转换成图像信号,传送给专用图像处理系统,根据像素分布和宽度、颜色等信息,转换成数字信号,抽取目标的特征,根据判别结果控制现场的设备动作。（　　）

A. 正确　　　　B. 错误

正确答案：B

答案解析：机器视觉(machine vision)或计算机视觉(computer vision)是用机器代替人眼睛进行测量和判断。机器视觉系统是指通过图像摄取装置将被摄取的目标转换成图像信号,传送给专用图像处理系统,根据像素分布和宽度、颜色等信息,转换成数字信号,抽取目标的特征,根据判别结果控制现场的设备动作。

4. 遗传算法实施时包括编码、产生群体、计算适应度、复制、交换和突变等操作。（　　）

A. 正确　　　　B. 错误

正确答案：A

答案解析：遗传算法实施时包括编码、产生群体、计算适应度、复制、交换和突变等操作。

5. 神经网络按信息流向可分为层次型结构和互连型结构。（　　）

A. 正确　　　　B. 错误

正确答案：B

答案解析：神经网络按网络拓扑结构可分为层次型结构和互连型结构。

更多练习二维码

17.3 实训任务

1. 深度学习平台的安装与应用举例。

2. 从生活中找出两个以上人工智能应用案例,进行分析。

第 18 章　区　块　链

18.1　知识点分析

区块链 1

区块链是分布式数据存储、点对点传输、共识机制和加密算法等计算机技术的新型应用模式。从本质上说，区块链是一个分布式共享账本和数据库，具有去中心化、不可篡改、全程留痕、可以追溯、集体维护和公开透明等特点，已被逐步应用于金融、供应链、公共服务和数字版权等领域。课程标准中包含区块链基础知识、区块链应用领域和区块链核心技术等内容。

18.1.1　区块链技术的概念、历史和特性

区块链 2

2008 年一位署名为"中本聪"的 ID 在 metzdowd.com 网站的密码学邮件列表中发表了一篇论文 *Bitcoin：A Peer-to-Peer Electronic Cash System*。在论文中提及了 chain of blocks 一词，后来该词被翻译为区块链，现在很多文章也用 blockchain 来表示区块链。一般来讲，现在人们把区块链定义为一种由节点参与的分布式数据库系统，并且具有不可伪造、不可更改、全程留痕、可追溯和公开透明等特征。区块链建立在以下技术基础之上。

1. 数据结构

数据结构是指相互之间存在一种或多种特定关系的数据元素的集合。

2. 链（链表）

链表是最常见的数据结构之一，是一种非连续、非顺序的存储结构，数据元素的逻辑顺序通过链表中的指针链接次序实现。

3. 哈希算法

把任意长度的输入通过散列算法变换成固定长度的输出，该输出就是散列值。哈希(hash)算法是区块链中最基本的算法，它是一个广义的算法，在这里也可以认为是一种思维方式或者解决问题的方式。

4. 对等网络

对等网络(peer-to-peer networking，P2P 网络)是一种分布式网络，网络的参与者共享他们所拥有的一部分硬件资源(处理能力、存储能力、网络连接能力和打印机等)，这些共享资源通过网络提供服务和内容，能被其他对等节点(peer)直接访问而无须经过中间实体。

5. 二叉树

一般我们用递归方式来定义：某个二叉树是一棵空树，或者是一棵由一个根节点和两棵互不相交的、分别称作根的左子树和右子树组成的非空树，左子树和右子树又同样都是二

叉树。

6. Merkle 树

Merkle 树是一类基于哈希值生成的二叉树或多叉树。

7. 工作量证明

工作量证明(proof-of-work,PoW)是基于当前有效比特币交易集合和区块链状态的正确区块谜题解答,是一个需要节点付出大量算力进行暴力寻找的目标随机数,在获得区块的工作量证明后,即可将区块信息连同合法的比特币交易集合以及工作量证明广播到区块链网络中。

8. 比特币随机数

比特币随机数(nonce)是 number once 的缩写,在密码学中 Nonce 是一个只被使用一次的任意或非重复随机数值。在生产区块时,需要找一个随机数来达成共识,通常这个值设定为以 0 开头,这样得到的哈希值是一串以 0 开头的序列。

区块链技术具有以下基本特征。

9. 去中心化

区块链技术的去中心化特征表现在多个方面:在网络方面,区块链技术基于对等网络协议,对等节点具有基本相同的功能、责任,与以往的数据中心存储方式不同;在数据存储方面,数据并不是存储在某个中心节点,而是通过哈希方式分布式存储,并且每个节点都一样;在软件算法方面,无论是原有算法还是待发展算法,都向着去中心化的方向发展。去中心化这种特征带来了避免信息泄露、便于交易等优点,尤其是在国际贸易领域,促进了交易的公平,这也是区块链技术具有良好发展前景的最重要原因之一。

10. 不可篡改

区块链技术里的数据不可篡改不是绝对不可篡改,而是一种相对不可篡改。不可篡改至少体现在两个方面:第一,哈希算法是单向性的,不能通过修改哈希值来修改原始数据;第二,数据以哈希结构存储在遍布全球各地的服务器上,篡改数据的成本和难度极大,除非同时修改了 51%的存储,这以当前算力来说几乎做不到。

11. 信息透明

在区块链中,除了涉及用户信息的私有信息被加密外,其他的数据对全网节点是透明的,任何人或参与节点都可以通过公开的接口查询区块链数据,记录数据或者开发相关应用,这使区块链技术产生了很大的应用价值。区块链数据记录和运行规则可以被全网节点审查、追溯,具有很高的透明度。

12. 匿名

与信息透明相对的是,区块链中个人信息是加密的且对所有人不开放。这一点与具有中心节点的信息系统不同,在大部分信息系统中,如果普通用户忘记了自己的密码,可以通过管理员来进行重置;而在区块链中,以比特币私钥为例,一旦私钥丢失,则无法找回。

18.1.2　区块链技术分类

1. 公有链

公有链(public blockchain)是指对公共开放的、无用户授权机制且全球所有用户可随时进入进出、读取数据、发送交易的区块链。公有链是最早出现的区块链,同时也是作为大多数数字货币基石被广泛应用的一种区块链,比特币、以太坊等数字货币应用都是典型的公有链。

2. 私有链

私有链(private blockchain)是指通过某个个体或组织的授权后才能加入的区块链。私有链中参与节点的数量有限,且节点权限可控,虽然写入权限被严格控制,但是读取权限可根据需求有选择性地对外开放。

3. 联盟链

联盟链(consortium blockchain)是一种介于公有链与私有链之间的区块链技术,针对一些特定群体的实体机构或组织提供上链服务,同时通过内部指定多个节点为记账人,但这些节点由所有节点共同决定。

除了上述分类方式和类型以外,区块链技术还有一些分类方式。例如,根据应用范围可以划分为基础链、行业链;根据原创程序可以划分为原链、分叉链;根据独立程度可以划分主链、侧链;根据层级关系可以划分为母链、子链。

18.1.3 区块链技术应用

区块链技术为物联网设备提供了访问控制生态系统,智能合约也为物联网共享数据提供了验证框架。区块链技术可以和大数据技术结合,以提供更安全可靠的平台。如图 18-1 所示为 2020 年腾讯云的区块链产品全景图,从图中可以看出,区块链技术在金融、供应链管理和身份认证等领域广泛应用,并与其他新一代信息技术融合发展。

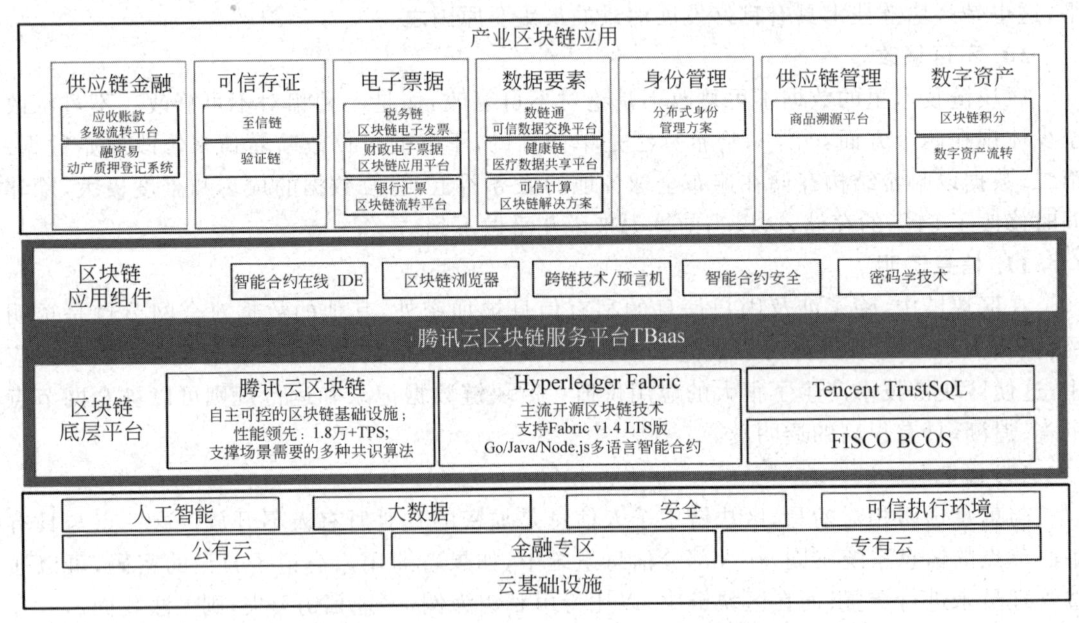

图 18-1　2020 年腾讯云的区块链产品全景图

18.1.4 区块链技术发展趋势

尽管区块链技术有着良好的发展前景,但是还存在一些问题。

(1) 区块链由多种技术构成,学习成本高、实施难度大、人才稀缺。从本项目中可以看出,区块链是综合学科,涉及密码学、数学、经济学和社会学等多个学科,对专业人员的知识水平要求高。

(2) 功能尚不完备,缺少对企业级应用一些常见功能的支持。区块链数据只有追加而没有移除,数据存储能力要求高。

(3) 仍需多技术协作才能保证上链前的数据真实有效。区块链技术只能确保“链上”的信息不被篡改,保证这部分内容的可信度,然而区块链难以独立解决上链之前源头数据的可信度问题,需要信息安全技术、物联网、AI 和其他技术的共同协作。

(4) 区块链安全问题日益突出。区块链技术本身和架构目前都存在安全风险,安全问题和加密技术仍有较大提升空间。例如,在协议层面临协议漏洞、流量攻击和恶意节点等多种安全隐患;在扩展层则存在代码实现中的安全漏洞;在应用层则涉及私钥管理安全、账户窃取、应用软件漏斗、DDoS 攻击和环境漏洞等安全问题。

(5) 为了实现真正的多方数据共享,隐私计算技术仍有较大提升空间。但是如果要多方真正愿意将真实数据在链上共享,打破数据孤岛,必须要在隐私计算技术上得到提升,未来隐私计算在安全云计算、分布式计算网络和加密区块链三个方向将有较广的应用前景。

(6) 通用型方面仍有明显不足。为了适应多样化的业务需求,满足跨企业的业务链条上的数据安全高效共享,区块链对数据的记录方式要有足够的通用标准,才能很好地表示各种结构化和非结构化的信息。目前区块链系统大多采用特定的共识算法、密码算法、账户模型、账本模型和存储类型,缺少可插拔能力,无法灵活适应不同场景要求。

18.1.5　比特币

中本聪将比特币描述为“一个不依靠信任的电子交易系统”(a system for electronic transactions without relying on trust)。它依据特定算法,通过大量的计算产生,中本聪将比特币产生过程比喻成矿工挖矿,挖矿就是产生一个新区块的过程。当矿工计算一个新区块时,先选定一个随机数,并对当前区块使用 SHA256 算法进行哈希计算,若所得的哈希值满足当前区块的难度要求,新区块被成功挖出;否则,挖矿节点需要通过不断改变随机数的值,并对每一个随机值都进行区块哈希值计算,直到该哈希值满足当前区块的难度要求。

比特币的交易记录公开透明,整个交易系统设计得相当复杂,也是比特币系统中最为核心的部分。比特币的交易流程如下。

(1) 比特币交易的创建。

(2) 将比特币交易发送到比特币网络。

(3) 比特币交易的验证。

(4) 比特币交易的传播。

(5) 验证结果的广播。

(6) 交易写入区块。

比特币包括其理念有一定的先进性,同时也具有以下缺点。

(1) 由于其技术复杂性,很多普通人难以理解,一些不法分子利用该项技术进行欺诈,骗取钱财,如大肆吹捧手机挖矿、笔记本挖矿等,进而推广一些 App,甚至是种植木马程序,给很多人造成损失。

(2) 尽管从理论上来讲,比特币是安全的,但是近几年,因为技术原因导致比特币被盗窃也时有发生,并且一旦发生,数额就比较大,这也在一定程度上阻碍了比特币的应用。

(3) 尽管比特币的交易过程是透明的,但是对交易的人是保密的,这样容易给一些金融不法分子洗黑钱的机会,这也是大多数国家抵制比特币的一个重要原因。

(4) 比特币建立在算法基础上,尽管目前看来这种算法相对先进,但是不排除未来更先进的算法取代现有算法的可能性,这样会导致比特币体系直接崩溃。

18.1.6 分布式账本、非对称加密算法、智能合约和共识机制

1. 分布式账本

分布式账本是一种在网络成员之间共享、复制和同步的数据库。分布式账本记录网络参与者之间的交易,如资产或数据的交换。这种共享账本消除了调解不同账本的时间和开支。

2. 非对称加密算法

非对称加密算法是区块链交易的基础,通过 RSA、Elgamal、背包算法、Rabin、D-H 和 ECC 等算法生成两个密钥:公开密钥(public key,简称公钥)和私有密钥(private key,简称私钥)。公钥和私钥是一对,如果用公钥对数据进行加密,只有用对应的私钥才能解密。因为加密和解密使用的是两个不同的密钥,所以这种算法叫作非对称加密算法。

3. 智能合约

智能合约是一种在无第三方参与的条件下,实现传播、验证或执行的计算机协议。智能合约是对现实生活中合约条款的一种电子量化交易协议。智能合约一旦执行,就如同交易一般出现在区块链中。因此智能合约中的交易可追踪,并且一旦执行便不可逆转。智能合约是代码和数据的集合,代码通常为合约中的函数,而数字则表示合约的状态。在实现一个智能合约时,需要满足以下三步。

(1) 达成协定。参与合约的用户之间需求达成一致,指定合约的响应条件及规则。

(2) 广播合约。智能合约通过分布式网络公布给所有节点,在通过验证后,被存储在区块链中某一区块中,即智能合约运行在区块链某一地址中。

(3) 合约执行。当区块链中某一状态满足智能合约中预置的响应条件时,该响应条件被触发,合约执行。

4. 共识机制

为了在区块链中添加新区块,每个矿工必须遵循共识协议中指定的一组规则。比特币通过使用基于 PoW 的共识算法来实现分布式共识,该算法有以下主要规则。

(1) 具有合理的输入和输出值。

(2) 只有未被使用过的输出才能用于交易。

(3) 用于支付的所有输入都具有有效签名。

(4) 交易必须在其所在的区块被确认成为主链后才能生效。

在基于 PoW 的共识算法中,参与者不需要身份验证即可加入区块链网络,这使得比特币共识模型在可支持数千个网络节点方面具有极大的可扩展性。

18.2 典型题目分析

一、单选题

1. 中本聪是(　　)。

A. 中国人　　B. 美国人　　C. 日本人　　D. 不确定

正确答案：D

答案解析：中本聪(英文为 Satoshi Nakamoto)为一个网络 ID,此人是比特币协议及其相关软件 Bitcoin-Qt 的创造者,但真实身份至今未知。

2. PoW 的中文意思是(　　)。

A. 权益证明　　B. 股份授权证明

C. 工作量证明　　D. 算力即权利

正确答案：C

答案解析：PoW 即 proof-of-work,工作量证明。

3. 从区块链信息服务登记备案情况来看,(　　)是区块链应用最广泛的领域。

A. 互联网行业　　B. 金融行业　　C. 建筑行业　　D. 医药行业

正确答案：B

答案解析：区块链技术起源于比特币,目前在金融行业应用最为广泛,已逐步推广到其他行业。

二、多选题

1. 一项新技术从诞生到成熟,要经历(　　)。

A. 过热期　　B. 低谷期　　C. 复苏期　　D. 成熟期

正确答案：ABCD

答案解析：一项新技术诞生以后,不一定为人们接受,需要一个逐步成熟的过程,因此分为这四个时期。

2. 区块链的技术分类主要包括(　　)。

A. 公有链　　B. 数字链　　C. 联盟链　　D. 私有链

正确答案：ACD

答案解析：区块链技术分为以下三类:①公有链,无官方组织以及管理机构,无中心服务器,参与的节点按照系统规则自由接入网络,不受控制,节点间基于共识机制开展工作。②私有链,建立在一个集团内部,系统的运作规则根据集团要求进行设定,修改或者读取权限都被进行了一定的限制,同时保留着区块链的真实性和部分去中心化的特性。③联盟链,由若干机构联合发起,介于公有链和私有链之间,兼具部分去中心化的特性,区块链上的读取权限可能是公开的,也有可能是部分公开的。

3. 下面关于智能合约的说法,正确的是(　　)。

A. 一套承诺指的是合约参与方同意的权利和义务

B. 一套数字形式的计算机刻度代码

C. 智能合约是甲乙双方的口头承诺

D. 智能合约是一套以数字形式定义的承诺,包含合约参与方可以在上面执行这些承诺的协议

正确答案:ABD

答案解析:智能合约是一种旨在以信息化方式传播、验证或执行合同的计算机协议。智能合约允许在没有第三方的情况下进行可信交易,这些交易可追踪且不可逆转。一个智能合约是一套以数字形式定义的承诺(commitment),包括合约参与方可以在上面执行这些承诺的协议。

4. 下面属于哈希算法的是(　　)。

A. MD5　　B. SHA1　　C. SHA2　　D. ECC

正确答案:ABC

答案解析:常用 hash 算法包括 MD4、MD5、SHA-1 及其他。椭圆加密算法(ECC)是一种公钥加密体制。

5. 区块链技术带来的价值包括(　　)。

A. 提高业务效率　　B. 降低拓展成本　　C. 增强监管能力　　D. 创造合作机制

正确答案:ABCD

答案解析:略。

三、填空题

1. 区块链三个关键技术点分别是________。

正确答案:非对称加密算法、共识算法、链式区块存储

答案解析:略。

2. 区块链是一个环环相扣的________计算系统。

正确答案:分布式

答案解析:区块链是一个分布式共享账本和数据库,具有去中心化、不可篡改、全程留痕、可以追溯、集体维护和公开透明等特点。

3. 区块链在我国的合法运用不包括________。

正确答案:比特币交易平台

答案解析:据央视财经报道,从 2017 年 11 月 1 日开始,国内三大比特币交易平台将全部停止交易业务,这意味着国内比特币交易正式终结。

4. ________是区块链最早的一个应用,也是最成功的一个大规模应用。

正确答案:比特币

答案解析:略。

5. 区块链中的第一个区块被称为________区块。

正确答案:创世

答案解析:略。

四、判断题

1. 区块链是一个有很大跨度和争议的技术创新。　　(　　)

A. 正确　　B. 错误

正确答案:A

答案解析:区块链用纯信息技术手段来实现金融工具去中心化,具有很大争议。

2. 区块链的分布式存储的安全性特征使其在法律上缺乏有效的救济渠道。（　　）

A. 正确　　B. 错误

正确答案：B

答案解析：区块链的分布式存储的安全性特征受法律的框架约束。

3. 对于数字货币拥有者来说，最重要的是保护好自己的私钥。（　　）

A. 正确　　B. 错误

正确答案：A

答案解析：对于数字货币拥有者来说，最重要的是保护好自己的私钥，由于数字货币具有私密性，一旦私钥丢失，则完全无法找回。

4. 中心化计算与处理模式的容灾能力较强。（　　）

A. 正确　　B. 错误

正确答案：B

答案解析：去中心化计算与处理模式的容灾能力较强，而中心化模式一旦计算与处理发生不可抗力（地震、火灾等）或人为灾难，则会导致不可挽回损失。

5. hash 是计算机科学术语，意思是输入任意长度的字符串，然后产生一个固定长度的输出，哈希算法只有一种。（　　）

A. 正确　　B. 错误

正确答案：B

答案解析：哈希算法包括 MD5、SHA 等多种算法；相同哈希算法的输出值的长度是固定的。

更多练习二维码

18.3　实训任务

1. 下载安装“i 深圳”App 应用，并通过模拟租房场景，体验区块链应用。
2. 了解挖矿的相关技术，并说明挖矿是否合法，了解为什么国家不允许商业挖矿行为。
3. 举例子说明与挖矿有关的骗局。
4. 区分比特币交易和比特币与法币之间交易。

第 19 章　信息素养与创新创业

19.1　知识点分析

信息素养与社会责任是指在信息技术领域，通过对信息行业相关知识的了解，内化形成的职业素养和行为自律能力。信息素养与社会责任对个人在各自行业内的发展起着重要作用。本章主要包含信息素养、信息技术发展史、信息伦理、职业行为自律以及信息与创新等知识点。

信息素养

19.1.1　信息素养

1. 信息

信息，是指音信、消息、通信系统传输和处理的对象，泛指人类社会传播的内容。人通过获得、识别自然界和社会的不同信息来区别不同事物，从而能够认识和改造世界。在一切通信和控制系统中，信息是一种普遍联系的形式。1948 年，数学家香农在 *a mathematical theory of communication* 一文中指出："信息是用来消除随机不定性的东西。"有一些学者认为：信息是创建一切宇宙万物的最基本单位之一。

我国著名的信息学专家钟义信教授认为："信息是事物存在方式或运动状态，以这种方式或状态直接或间接地表述。"

美国信息管理专家霍顿(F.W.Horton)给信息下的定义是："信息是为了满足用户决策的需要而经过加工处理的数据。"简单地说，信息是经过加工的数据，或者说，信息是数据处理的结果。根据对信息的研究成果，信息概念可以概括如下。

信息是对客观世界中各种事物运动状态和变化的反映，是客观事物之间相互联系和相互作用的表征，表现客观事物运动状态和变化的实质内容。信息的产生、传递和理解是核心内容。在传统领域，信息发送人将信息通过语言、表情和肢体等表达方式，通过书信、语言等渠道，发送给要沟通的对象，接收信息一方通过理解感受到的信息，从而对你要表达的意思获取理解。

在 IT 领域，电子学家、计算机科学家认为："信息是电子线路中传输的以信号作为载体的内容。"其相关的产业逐步形成了信息产业，我国学者中有人认为：信息产业是信息的收集、传播、处理、存储、流通和服务等相关产业的总称。也有人认为：信息产业是指从事信息技术的研究、开发与应用，信息设备与器件的制造以及为公共社会需求提供信息服务的综合性生产活动和基础结构。

信息产业所牵涉的范围很广泛，美国信息产业协会（AIIA）认为：信息产业是指依靠新的信息技术和信息处理的创新手段，制造和提供信息产品和信息服务的生产活动组合。日本学者认为：信息产业是为一切与各种信息的生产、采集、加工、存储、流通、传播和服务等有关的产业。欧洲信息提供者协会（EURIPA）认为：信息产业是指提供信息产品和服务的电子信息工业。

2. 信息素养构成

从理性上说，信息素养应该包括信息知识、信息意识、信息技能和信息伦理。

1）信息知识

知识具体包括基础知识和信息知识。信息素养所具备的基础知识是指学习者平日所积累的学习知识和生活知识，基础知识起着一种潜移默化的作用。信息素养所涉及的信息知识是指对与信息技术有关的知识的了解，包括信息技术基本常识、信息系统的工作原理和了解相关的信息技术新发展问题。

2）信息意识

信息意识是指个人平时具备的自我知识积累的意识，具有信息需求的意念，对信息价值有敏感性，有寻求信息的兴趣，具有利用信息为个人和社会发展服务的愿望并具有一定创新的意识。意念决定行动，信息意识的提高是塑造信息素养先决条件。

3）信息技能

信息素养中信息能力隐含着对问题的解决能力，无论我们如何研究信息素养，最终的落脚点都应该是使学习者通过利用信息技术来提高对问题的解决能力，这才是最实实在在的目的。所以，我们将这种问题解决能力也就是信息能力放在了重中之重的位置，这种能力具体包括：信息技术使用能力、信息获取能力、信息分析能力和信息综合表达能力。

4）信息伦理

信息伦理是指个人在信息活动中的道德情操，能够合法、合情、合理地利用信息解决个人和社会所关心的问题，使信息产生合理价值。学生应具备一定的信息伦理道德修养，遵循信息应用人员的伦理道德规范，不从事非法活动，也应知道如何防止计算机病毒和其他计算机犯罪活动。

19.1.2　信息技术发展史

1. 信息技术发展历程

一般认为，信息技术发展历程可以分为五个阶段。

第一阶段是语言的使用。在全球各地出现的语言，促进了人类之间信息沟通和交流，促进了文明进步。

第二阶段是约公元前 14 世纪，文字的出现和使用，使人类对信息的保存和传播取得重大突破，较大地超越了时间和地域的局限。

第三阶段是印刷术的发明和使用，使书籍、报刊成为重要的信息储存和传播的媒体。

第四阶段是电话、广播和电视的使用，使人类进入利用电磁波传播信息的时代。

第五阶段是 20 世纪 60 年代，其标志是电子计算机的普及应用及计算机与现代通信技术的有机结合。

2. 全球知名 IT 公司举例

1) 国际商业机器公司

国际商业机器公司(International Business Machines Corporation,IBM)在 1911 年由托马斯·沃森创立于美国,总公司在纽约州阿蒙克市。截至 2020 年,它是全球最大的信息技术和业务解决方案公司,拥有全球雇员 30 多万人,业务遍及 160 多个国家和地区。

该公司创立时的主要业务为商业打字机,随着技术的发展之后转为文字处理机,然后推出了计算机和相关软件服务。到了 1960 年前后,IBM 成为全球最大的计算机公司,并且推动了集成电路技术的发展,并且基本垄断了大型机市场。

1981 年 8 月 12 日,IBM 推出了世界上第一台个人计算机,自此拉开了个人计算机序幕,促进了信息产业的蓬勃发展。进入 21 世纪以来,IBM 公司致力于研发,不断提升品牌的价值。2004 年,IBM 将个人计算机业务出售给中国计算机厂商联想集团,正式标志着从海量产品业务向高价值业务全面转型。

2) 微软公司

微软是一家美国跨国科技企业,1975 年 4 月 4 日由比尔·盖茨和保罗·艾伦创立,最为著名和畅销的产品为 Windows 操作系统和 Office 系列软件,是全球最大的计算机软件提供商、软件开发的先导。公司总部设立在华盛顿州雷德蒙德市,以研发、制造、授权和提供广泛的计算机软件服务业务为主。

1995 年 8 月 24 日,微软公司发行内核版本号为 4.0 的一个混合了 16 位/32 位的 Windows 系统——Windows 95,成为当时最成功的操作系统。随着个人计算的普及推广,时至今日,Windows 系列操作系统仍然是世界上应用最广泛的操作系统。1999 年 12 月 30 日,微软创下了 6616 亿美元的人类历史上上市公司最高市值纪录,比尔·盖茨也成为世界首富。进入 21 世纪以来,微软公司发展势头有所放缓,但是在办公自动化、游戏、数据库、电子邮件和浏览器等诸多软件领域仍然处于垄断地位。

IBM 公司和微软公司有一个共同的特点:公司由个人或几个人合伙成立,个人在公司发展成长过程中起到了至关重要的作用。同一时代,类似的知名公司还有致力于芯片开发的英特尔;个人计算机、软件、智慧手机等设备的苹果公司;致力于数据库技术的甲骨文公司;致力于网络设备的思科公司;生产打印、复印设备的惠普公司等,这些公司基本上诞生于 20 世纪中晚期,发展迅速,且这些公司都是美国的企业。与此同时,还有德国的西门子、日本的富士、松下、索尼等以及韩国的三星等,这些公司都在 20 世纪直接或者间接参与 IT 行业,推动了产业繁荣的同时也为公司带来了成功。

到了 20 世纪末期,资本市场相对成熟。20 世纪五六十年代投资 IT 公司获取的巨大回报,使得一些资本主动开始扶持投资一些公司,谷歌和 ARM 公司成为典型代表。

3) 谷歌公司

谷歌公司于 1998 年 9 月 7 日以私有股份公司的形式创立,以设计并管理一个互联网搜索引擎。它是一家位于美国的跨国科技企业,业务包括互联网搜索、云计算和广告技术等,同时开发并提供大量基于互联网的产品与服务,近年来在人工智能、移动操作系统等领域取得了不少成就。谷歌不断地推出了大量创新产品,这些产品不仅仅是产品上的创新,还包括服务、思想和意识上的创新。

谷歌多次入围《财富》历年 100 家最佳雇主榜单,多次荣获“最佳雇主”称号。2012 年 10

月 2 日，谷歌市值约 2499 亿美元，超越微软，成为按市值计算的全球第二大科技公司；至本书完成时，谷歌市值已经超过了万亿美元，其品牌价值位列全球第二。

4）ARM 公司

ARM 公司是苹果、诺基亚、Acorn、VLSI 和 Technology 等公司的合资企业。1991 年，ARM 公司成立于英国剑桥，目前主要出售芯片设计技术的授权。采用 ARM 技术知识产权（IP 核）的微处理器，即我们通常所说的 ARM 微处理器，已遍及工业控制、消费类电子产品、通信系统、网络系统和无线系统等各类产品市场，基于 ARM 技术的微处理器应用约占据了 32 位 RISC 微处理器 75%以上的市场份额，ARM 技术正在逐步渗入我们生活的各个方面。

总共有 30 家半导体公司与 ARM 签订了硬件技术使用许可协议，其中包括 Intel、IBM、三星半导体、NEC、SONY、飞利浦和 NI 这样的大公司。至于软件系统的合伙人，则包括微软、SUN 和 MRI 等一系列知名公司。

20 世纪 90 年代，ARM 公司的业绩平平，处理器的出货量徘徊不前。由于资金短缺，ARM 做出了一个意义深远的决定：自己不制造芯片，只将芯片的设计方案授权给其他公司，正是这个模式，最终使得 ARM 芯片遍地开花。通过出售芯片技术授权，建立起新型的微处理器设计、生产和销售商业模式。ARM 将其技术授权给世界上许多著名的半导体、软件和 OEM 厂商，每个厂商得到的都是一套独一无二的 ARM 相关技术及服务。利用这种合伙关系，ARM 很快成为许多全球性 RISC 标准缔造者。

尤其是进入 21 世纪之后，由于手机制造行业的快速发展，出货量呈现爆炸式增长，ARM 处理器占领了全球手机市场。2006 年，全球 ARM 芯片出货量为 20 亿片；2010 年，ARM 合作伙伴的出货量达到了 60 亿片。

3. 国内 IT 发展里程碑和公司

1958 年，中科院计算所研制成功我国第一台小型电子管通用计算机 103 机，标志着我国第一台电子计算机的诞生。

1974 年，清华大学等单位联合设计、研制成功采用集成电路的 DJS-130 小型计算机，运算速度达每秒 100 万次。

1983 年，国防科技大学研制成功运算速度达每秒上亿次的银河-Ⅰ巨型机，这是我国高速计算机研制的一个重要里程碑。

1985 年，电子工业部计算机管理局研制成功与 IBM PC 机兼容的长城 0520CH 微型计算机。

1992 年，国防科技大学研究出银河-Ⅱ通用并行巨型机，峰值速度达每秒 4 亿次浮点运算（相当于每秒 10 亿次基本运算操作），为共享主存储器的四处理机向量机，其向量中央处理机是采用中小规模集成电路自行设计的，总体上达到 20 世纪 80 年代中后期国际先进水平。它主要用于天气预报。

1993 年，国家智能计算机研究开发中心（后成立北京市曙光计算机公司）研制成功曙光一号全对称共享存储多处理机，这是国内首次以基于超大规模集成电路的通用微处理器芯片和标准 UNIX 操作系统设计开发的并行计算机。

1999 年，国家并行计算机工程技术研究中心研制的神威Ⅰ计算机通过了国家级验收，并在国家气象中心投入运行。系统有 384 个运算处理单元，峰值运算速度达每秒 3840

亿次。

2001 年,中科院计算所研制成功我国第一款通用 CPU——龙芯。

1) 中国电子信息产业集团

中国电子信息产业集团(以下简称“中国电子”)是以网络安全和信息化为主业的中央企业,是兼具计算机 CPU 和操作系统关键核心技术的中国企业。秉承“建设网络强国、链接幸福世界”的企业使命和发展理念,中国电子成功突破高端通用芯片、操作系统等关键核心技术,构建了兼容移动生态、与国际主流架构比肩的安全、先进、绿色的“PKS”自主计算体系和最具活力与朝气的应用生态与产业共同体,正加快打造国家网信产业核心力量和组织平台。截至 2020 年年底,中国电子拥有 26 家二级企业、15 家上市公司、18 余万员工,实现全年营业收入 2479.2 亿元,连续 10 年跻身《财富》世界五百强。

中国电子信息产业集团拥有完整的集成电路产业链,已形成了从设计工具软件开发、芯片设计和加工、产品封装与测试、系统集成到产业化应用的产业发展格局,具备国内位居前列的芯片设计和制造能力,IC 设计和生产工艺水平居国内领先水平。

中国电子信息产业集团多年来一直肩负中国软件业国家队的使命,立足于多年来在信息产业领域中的雄厚积累,构建出了成熟的支撑政府及行业信息化的软件平台,承接了财政、金融、税务、海关、工商、审计和烟草等领域的国家级重大信息化工程,覆盖国防信息化、政府信息化和企业信息化建设的重点领域。拥有国内领先的自主系统软件、支撑软件及应用软件的完整开发体系,并形成了国内最具规模的软件产业群。中国电子已成为国民经济信息化建设、保障国家信息安全的重要力量。

2) 华为技术有限公司

国内 IT 企业中,最广为人知的就是华为技术有限公司。该公司成立于 1987 年,总部位于广东省深圳市龙岗区。华为是全球领先的信息与通信技术(ICT)解决方案供应商,专注于 ICT 领域,坚持稳健经营、持续创新和开放合作,在电信运营商、企业、终端和云计算等领域构筑了端到端的解决方案优势,为运营商客户、企业客户和消费者提供有竞争力的 ICT 解决方案、产品和服务,并致力于实现未来信息社会以及构建更美好的全连接世界。

19.1.3 信息安全与可控

1. 信息安全概念

随着信息技术及计算机网络的普及与高速发展日益突出,信息安全问题已涉及政治、经济、文化、军事等方方面面,同时,坚持“以人为本”,提高个人信息安全素养已成为信息安全保障的基本内容。

信息作为一种资源,它的普遍性、共享性、增值性、可处理性和多效用性,使其具有重要意义。信息安全的实质就是要保护信息系统或信息网络中的信息资源免受各种类型的威胁、干扰和破坏,即保证信息的安全性。信息安全根源于三个方面:①黑客基于各种目的进行的主动攻击;②个人缺乏信息安全意识,被动泄密;③信息安全防护体系(组织、人员、资金和技术)建设不健全。一直以来的观点认为,有了高超的信息安全技术水平和完善的信息安全管理体系,就能够确保信息处于安全状态,但事实并非如此。

2. 信息安全素养

信息安全素养是指在信息化条件下,人们对信息安全的认识,以及对信息安全所表现出来的各种综合能力,包括信息安全意识、信息安全知识、信息安全能力和信息伦理道德等具体内容。

1）缺乏信息安全意识

安全意识缺乏主要体现在下面几个方面：①账户、密码的泄露；②PC、手机终端丢失导致泄密；③对网络手段、软件的应用不了解导致泄密；④网络泄密。

具体表现：不注意计算机保护,经常不关闭计算机就离开;密码从不修改,或使用容易猜测的密码,或者根本不设密码;自己的工作账号和密码随意转借他人使用;随意使用 U 盘,使用时直接双击打开;随意单击网页上吸引自己的链接;轻易相信来自陌生人的邮件,因好奇打开邮件附件;在网络上不能保守秘密,口无遮拦,泄露敏感信息等。

2）缺少信息安全知识

不了解什么是信息安全,不知道信息安全的重要性。例如,不知道单位信息安全策略的相关规定,不严格执行信息安全规章制度;不知道自己接触信息的密级程度,不会粉碎密级文件;难以甄别信息的优劣好坏,滥用信息技术制造传播信息垃圾和计算机病毒;编造虚假信息对他人进行诽谤;浏览、下载和传播非法信息;抄袭他人论文等智力成果等。

3）欠缺信息安全能力

不会设置有关安全参数;没有及时对系统进行更新和安装补丁;不能辨别什么是信息安全威胁,更不会处理;有的甚至不会安装杀毒软件,不会查杀病毒等。

4）信息伦理道德薄弱

网络中形形色色的思潮、观念,甚至是色情、暴力信息成为影响、误导普通人群犯罪的重要因素,经常上网浏览不良信息会弱化道德自律意识和社会责任感。

3. 信息安全自主可控方式

提高信息安全素养重在培养员工树立信息安全责任心。

加强培训,提高员工信息安全意识,掌握信息安全基本知识,了解信息安全相关的法律法规。个人信息安全意识淡薄的一个重要原因是缺乏信息安全知识教育培训,要将信息安全培训纳入每年度的培训计划并予以贯彻实施。培训方式应多样化,可以采用生动有趣的信息安全海报、Flash 和手册等,潜移默化地影响员工,强化其信息安全意识。员工同时应学会在信息安全受到侵害时,用法律武器来维护自己的权益。

鼓励员工通过查阅资料等方式,主动学习信息安全知识,提高处理信息安全问题的能力。具体来说就是学会安装防火墙和防病毒软件,并经常升级;及时下载和安装系统补丁;避免从 Internet 下载不知名的软件、游戏程序以及随意打开、运行来历不明的电子邮件及文件;加强密码设置及管理;注意保护、备份重要的个人资料。

加强员工信息伦理教育。引导员工养成正确解读网络信息、合理使用网络资源的能力,并形成正确的价值观,维护网络道德规范。遵循信息伦理与道德准则,规范自己的信息行为,尊重他人的知识产权,勿非法摄取他人秘密,勿制造和传播伪劣信息,抑制违法信息行为。

员工必须意识到安全技术和安全管理等都不是绝对安全可靠的。信息安全建设涉及人、流程和技术三个环节,最关键的因素是人。

员工应培养良好的习惯,从保管好账户及密码等细节做起,加强安全防范措施。具体来说就是注意日常计算机维护,重要文件数据不存放在系统盘,上网时对于一些来历不明的链接不要随意单击,来历不明的文件不要轻易接收;要定期进行病毒全盘查杀,尽量使用正版软件;如果一旦发生信息安全事故,要及时上报相关部门并请求正确的处理。在自己养成良好习惯的同时要鼓励其他人也这样做。

19.1.4 信息伦理

信息伦理包括工作中需要遵守的行为规范和要求,IT 行业伦理道德与其他行业有不同之处,可以通过以下几个方面体现。

1. 保密

无论是在企业,还是在事业单位、政府组织,与信息相关的岗位,通常能接触到更多的"信息",如通信公司、应用系统公司、基础服务提供商、广告公司、设计公司等,在为客户服务的同时,必须要恪守"沉默是金"的原则,在日常的工作中,也要时刻提高保密意识,注意为客户保密。在广告公司工作,必须要注意客户的方案和创意得到足够的保密;在建筑设计公司工作,必须保证客户的设计方案得到保密;在软件公司工作,为客户安装软件的时候注意保密客户的信息;从事其他性质的工作,如杀毒服务、数据恢复服务,更是要对数据守口如瓶。随时注意数据的保密性与安全性,这是对 IT 从业人员的基本伦理道德要求。

不仅是专门从事信息技术的人要注意保密,每个人在工作中都要有保密意识。我们在生活中经常收到骚扰信息或者垃圾短信,很大一部分原因是使用者不小心或者工作人员无意泄露。例如,在金融、通信、医疗、保险等领域工作的人,对客户的信息要进行保密。下列信息都属于保密信息。

(1) 个人基本情况,公民个人信息一般包括姓名、住址、电话(包括手机用户信息)、身份证号、个人身份或房地产权证件复印件、个人履历和病史等。

(2) 教育背景,包括学习经历、外语和计算机应用水平等。

(3) 个人的实践、个人成果获奖情况。

(4) 个人特长及性格评价,与公民个人直接相关且能够反映公民的局部或整体特点。

(5) 个人信息的特征,包括个人的指纹、人脸识别信息等。

(6) 个人的爱好和消费习惯等。

"信息"越来越重要,相关的法律法规也越来越健全,近年来有不少因为信息泄露,而触犯了法律的案例。违反国家有关规定,向他人出售或者提供公民个人信息,情节严重的,处三年以下有期徒刑或者拘役,并处或者单处罚金;情节特别严重的,处三年以上七年以下有期徒刑,并处罚金。

2. 诚信、积极进取和全心全意完成工作

在工作中,我们经常会遇到信息不对称的情况,不讲诚信,虽然能够赢得一时的利润和胜利,但是一旦被人发现,就难以在行业中立足。由于现在信息化发展非常迅速,在社会上的人和组织,很多信息都是透明的,当依靠欺诈来骗取利益时,就会受到巨大的损失。对于个人而言,诚信至少包括以下两个方面。

(1) 在产品和服务中讲诚信。不能因为客户对产品的不熟悉,就在宣传和交易中欺诈客户,无论是产品,还是服务,都需要以诚信为基础。尤其是项目和合同中承诺要兑现的,就一定要实现。

(2) 在个人的工作能力和工作态度中讲诚信。随着人工智能的应用和推广,一些重复性、流程性的体力工作逐步被机器人取代，而人们则集中在创造性和不可重复性的工作，如图形图像的处理与设计、项目企划和文字材料撰写等，这些工作无法采用像计量、计件产品传统考核方式，是不是已经尽自身最大能力只有工作者自己知道。在工作中，只有积极进取、全心全意地投入工作中，才能在长期的职业生涯中获取成功。

3. 保护知识产权

在日常工作中，需要重视知识产权的保护，既保护自己的作品，也需要有不随便抄袭和剽窃的意识。随着网络普及，网络信息传播与共享日益便捷，与著作权相关的纠纷也越来越多，对信息传播相关法律法规的了解，能够帮助我们更好地保护作品，同时也避免与其他人或组织发生一些不必要的法律纠纷。著作权法是为保护文学、艺术和科学作品作者的著作权，以及与著作相关权益，鼓励有益于社会精神文明、物质文明建设作品的创作和传播，促进社会主义文化和科学事业发展与繁荣，根据宪法制定的法案。

网络上侵权行为与传统侵权行为有所不同，往往更隐蔽，更难以发现，在不经意的情况下造成了对知识产权的侵犯。

互联网上存在海量的信息，这些信息的传递和获取通常是通过搜索引擎、通过链接方式。当上网者通过链接获取的网上信息存在侵权问题时，一般应当追究提供该信息的网站的法律责任，提供搜索引擎链接服务的网络经营者不承担侵权责任。随着大数据相关技术兴起，为了能够获取数据，爬虫技术被越来越多地使用。

网络爬虫（又称为网页蜘蛛、网络机器人）是一种按照一定规则，自动地抓取互联网数据的程序或者脚本。网络爬虫实际上是用 Python 加脚本语言编写的程序，爬虫程序运行时，能够按照设定的规则对网页（现在已经开发出 App 爬虫）发起申请，并获取网页上的相关数据，然后把数据按照程序设计者预先设计好的格式，保存到相应的文件或数据库中。

但是需要特别指出的是：当今时代，数据已经成为最重要的资产，非法获取数据，必然会受到法律严惩。

4. 遵循网络安全

网络不是法外之地，上网自由并不意味着可以随意攻击他人、抹黑社会。在网络世界中，必须遵循网络安全相关规定。狭义的网络安全（cyber security）是指网络系统本身安全，包括硬件、软件及其系统中的数据受到保护，不因偶然的或者恶意的原因而遭受到破坏、更改和泄露，系统连续可靠正常地运行，网络服务不中断。广义的网络安全则在此基础上包括了防止网络犯罪，包括金融诈骗、网络刷单和网络宣传等领域。

最早的“黑客”、病毒制造者攻击网站、窃取信息通常只是以炫耀技术、恶作剧或者仇视破坏为目的。随着互联网经济的发展，网络攻击等违法行为的目的已转变为追求“经济利益”，并已形成黑色产业链。

近年来，病毒制造者除了在病毒程序编写上越来越巧妙外，他们更加注重攻击“策略”和传播、网络流程。他们利用互联网基础网络应用、计算机系统漏洞、Web 程序的漏洞以及网民的疏忽，窃取 QQ 密码、网游密码、银行账号、信用卡账号和企业机密等个人资料和商业机密，通过出售换取金钱。同时，越来越多的网络团伙利用计算机病毒捆绑“肉鸡”，构建“僵尸网络”，用于敲诈和受雇攻击等也成为一种主要非法牟利行为。而且这些盗取信息或敲诈勒索等行为已呈组织化和集团化趋势。

病毒制造者从病毒程序开发、传播病毒到销售病毒，形成了分工明确的整条操作流程，形成病毒地下交易市场，获取利益的渠道更为广泛，病毒模块、“僵尸网络”和被攻陷的服务器管理权等都被用来出售。另外，很多国内网络开始利用拍卖网站、聊天室和地下社区等渠道，寻找买主和合作伙伴，取得现金收入，整个行业进入“良性循环”，使一大批“人才”、技术和资金进入这个黑色行业。“流氓软件”“木马软件”“钓鱼网站”等病毒和网络诈骗手段相结合，令人防不胜防。

国家加大了对网络安全保护力度，出台了相关法律法规。2020 年颁布的《网络安全审查办法》是为了确保关键信息基础设施供应链安全，保障网络安全和数据安全，维护国家安全，根据《中华人民共和国国家安全法》《中华人民共和国网络安全法》《中华人民共和国数据安全法》和《关键信息基础设施安全保护条例》制定。这些网络安全管理办法、网络信息审查办法，从不同角度保障了正常公民的利益，推动了网络健康发展。

19.1.5 创新

创新（innovation）起源于拉丁语，它原意有三层含义：①更新；②创造新的东西；③改变。

“创新”和“innovation”的原词含义都是对旧事物的破除和创造新的事物。随着创新理论的发展，“创新”向更为广泛的范围应用扩展，不仅包括科学研究和技术创新，也包括体制与机制、经营管理和文化的创新，同时覆盖自然科学、工程技术、人文艺术、哲学、社会科学以及经济和社会活动中的创新活动。在这些领域，“创新”一词所表达的内涵应该是其原词本义。一个产品创新，就是生产一种新的产品，要采取一种新的生产方法；工艺创新，是对产品制造流程的改进；要开辟市场，采取与众不同的方法，就是市场开拓创新；要采用新的生产要素，就是要素创新。

在企业生产过程中，创新主要有七种。

1. 思维创新

思维创新是一切创新的前提。既然这个时代呼唤创新，那么“万丈高楼平地起”，思维创新可谓是最基础的，也是最难的创新。有句广告语说得好：“思想有多远，我们就能走多远。”“没有做不到，只有想不到”，说明思维创新的重要性，以及一切创新的重要地位。

2. 产品(服务)创新

产品创新是指将新产品、新工艺和新的服务成功引入市场，以实现商业价值。如果企业推出的新产品不能为企业带来利润和商业价值，那就算不上真正的创新。产品创新通常包括技术上的创新，但是产品创新不限于技术创新，因为新材料、新工艺、现有技术的组合和新应用都可以实现产品创新。

3. 技术创新

技术创新主要是指生产工艺、方式和方法等方面的创新。技术创新就是在原有基础上进行革新，而发明就是创造出新事物。

从计算机的角度来讲，技术创新是指根据现有科学成果，使计算机软件和硬件在技术层面上有突破性进展，如开发一种新软件，推出一款功能更为强大的软件版本以及制造出速度更快容量更大的 CPU、显卡和硬盘等。通过加工工艺的改进，降低硬件制造成本，也是技术创新。

4. 组织和机制创新

组织和机制创新主要是指企业环境或个人环境方面的创新，其中包括内部环境和外部环境两个方面，是机体所处氛围。组织和机制创新主要有三种。

(1) 以组织结构为重点的变革和创新，如重新划分或合并部门，流程改造，改变岗位及岗位职责，调整管理幅度。

(2) 以人为重点的变革和创新，即改变员工的观念和态度，是知识的变革、态度的变革、个人行为乃至整个群体行为的变革。通用电气总裁韦尔奇执政后采取一系列措施来改革这部老机器。有一个部门主管工作很得力，所在部门连续几年盈利，但韦尔奇认为可以干得更好。韦尔奇建议其休假一个月："放下一切，等你再回来时，变得就像刚接下这个职位，而不是已经做了 4 年。"休假之后，这位主管果然调整了心态，像换了个人似的。

(3) 以任务和技术为重点，任务重新组合分配，更新设备，进行技术创新，达到组织创新的目的。

5. 管理模式创新

管理模式创新是指管理对象、管理机构、管理信息系统和管理方法等方面的创新。管理模式创新是基于新的管理思想、管理原则和管理方法，改变企业的管理流程、业务运作流程和组织形式。企业的管理流程主要包括战略规划、资本预算、项目管理、绩效评估、内部沟通和知识管理。企业的业务运作流程有产品开发、生产、后勤、采购和客户服务等。通过管理模式创新，企业可以解决主要的管理问题，降低成本和费用，提高效率，增加客户满意度和忠诚度。

6. 营销创新

所谓营销创新，是指根据营销环境的变化情况，并结合企业自身资源条件和经营实力，寻求营销要素在某一方面或某一系列的突破或变革的过程。在这个过程中，并非要求一定要有创造发明，只要能够适应环境，赢得消费者的心理且不触犯法律、法规和通行惯例，同时能被企业所接受，那么这种营销创新即是成功的。还需要说明的是，能否最终实现营销目标，不是衡量营销创新成功与否的唯一标准。电子商务模式的开启，是营销创新的一个典型案例。

7. 商业模式创新

商业模式创新是指企业及其成员的言和行方面的创新，是一个较广的论题。所谓商业模式，是指对企业如何运作的描述。好的商业模式应该能够回答管理大师彼得德鲁克的几个经典问题：谁是我们的客户？客户认为什么对他们最有价值？我们在这个生意中如何赚钱？我们如何才能以合适的成本为客户提供价值？商业模式的创新就是要成功对现有商业模式的要素加以改变，最终公司在为顾客提供价值方面有更好的业绩表现。

信息技术在传统产业中应用，从而产生了产品、服务和流程等方面创新。

19.2　典型题目分析

一、单选题

1. 对信息素养的正确理解是(　　)。

A. 信息素养是一种检索工具

B. 信息素养是一种检索能力

C. 信息素养是能认识到何时需要信息和有效地搜索、评估和使用所需信息的能力

D. 信息素养仅是对大学生的素质要求

正确答案：C

答案解析：略。

2. (　　)的强弱是影响信息主体的信息行为效果的关键因素。

A. 信息意识　　B. 信息观念　　C. 信息能力　　D. 信息道德

正确答案：A

答案解析：略。

3. 关于网络信息资源的特点，正确的是(　　)。

A. 信息使用成本高　　B. 信息共享程度低

C. 信息动态性高　　D. 信息数量巨大而系统

正确答案：C

答案解析：略。

4. 以下(　　)不属于防止口令猜测的措施。

A. 严格限定从一个给定的终端进行非法认证的次数

B. 确保口令不在终端上再现

C. 防止用户使用太短的口令

D. 使用机器产生的口令

正确答案：B

答案解析：略。

5. 以网络为本的知识文明，人们所关心的主要安全是(　　)。

A. 人身安全　　B. 社会安全　　C. 信息安全　　D. 心理安全

正确答案：C

答案解析：略。

二、多选题

1. "互联网+"大学生创新创业大赛采用(　　)形式。

A. 校级初赛　　B. 市级复赛　　C. 省级复赛　　D. 全国总决赛

正确答案：ACD

答案解析：略。

2. 实施计算机信息系统安全保护的措施包括(　　)。

A. 安全法规　　B. 安全管理　　C. 组织建设　　D. 制度建设

正确答案：AB

答案解析：略。

3. 计算机信息系统安全保护的目标是要保护计算机信息系统的(　　)。

A. 实体安全　　B. 运行安全　　C. 信息安全　　D. 人员安全

正确答案：ABCD

答案解析：略。

4. 公共信息网络安全监察工作是(　　)。

A. 公安工作的一个重要组成部分　　B. 预防各种危害的重要手段

C. 行政管理的重要手段　　D. 打击犯罪的重要手段

正确答案：ABCD

答案解析：略。

5. 公共信息网络安全监察工作的一般原则是(　　)。

A. 预防与打击相结合的原则

B. 专门机关监管与社会力量相结合的原则

C. 纠正与制裁相结合的原则

D. 教育和处罚相结合的原则

正确答案：ABCD

答案解析：略。

三、填空题

1.1948 年,数学家香农在 *a mathematical theory of communication* 一文中指出:"(　　)是用来消除随机不定性的东西。"

正确答案：信息

答案解析：略。

2. (　　)是信息的收集、传播、处理、存储、流通和服务等相关产业的总称。

正确答案：信息产业

答案解析：略。

3. (　　)是人类在社会活动中需要遵守的行为规范和要求,是在社会活动中表现出来的综合品质,包含职业道德、职业技能、职业行为和职业意识等方面。

正确答案：职业素养

答案解析：略。

4. 破除旧事物和创造新事物的过程,称为(　　)。

正确答案：创新

答案解析：略。

5. (　　)是一种按照一定规则,自动地抓取互联网数据的程序或者脚本。

正确答案：网络爬虫

答案解析：略。

四、判断题

1. 漏洞是指任何可以破坏系统或信息的弱点。　(　　)

A. 正确　　B. 错误

正确答案：A

答案解析：略。

2. 对于一个计算机网络来说,依靠防火墙即可以达到对网络内部和外部的安全防护。　(　　)

A. 正确　　B. 错误

正确答案：B

答案解析：略。

3. 使用最新版本的网页浏览器软件可以防御黑客攻击。 (　　)

A. 正确　　B. 错误

正确答案：A

答案解析：略。

4. 只要设置了足够强壮的口令,黑客不可能侵入计算机中。 (　　)

A. 正确　　B. 错误

正确答案：B

答案解析：略。

5. 在计算机系统安全中,人的作用相对于软件、硬件和网络而言,不是很重要。 (　　)

A. 正确　　B. 错误

正确答案：B

答案解析：略。

更多练习二维码

19.3 实训任务

1. 讨论说明教师工作岗位信息能力和信息素养包括什么。
2. 举一个应用信息技术创新的案例。
3. 举一个电信诈骗案例,并讨论如何避免电信诈骗。

参 考 文 献

[1] 王冠，王翎子，罗蓓蓓. 网络视频拍摄与制作：短视频、商品视频、直播视频（视频指导版）[M]. 北京：人民邮电出版社，2020.

[2] 张力. 基于 ZigBee 无线通信技术的物联网智能家居系统设计[J]. 数码世界，2019(11)：12-14.

[3] 朱晨鸣，王强，李新. 5G：2020 后的移动通信[M]. 北京：人民邮电出版社，2020.

[4] 赵娟. 国家级物联网产业基地发展战略研究[D]. 南昌：江西财经大学，2020.